思想觀念的帶動者

文化現象的觀察者

本土經驗的整理者

生命故事的關懷者

SelfHelp

顛倒的夢想，窒息的心願，沈淪的夢想
為在暗夜進出的靈魂，守住窗前最後的一盞燭光
直到晨星在天邊發亮

App世代在想什麼？

破解網路遊戲成癮、預防數位身心症狀

What does App Generation think? On treatment
of internet gaming disorder and prevention of
digital psychosomatic symptoms

張立人──著

目錄 contents

第 1 篇 ▶▶ 數位時代的大腦危機

| 第1章 | **3C 與兒童心理發展：** 數位時代的家庭教育

注意力不足、過動與行為問題／病態性遊戲使用／史丹佛棉花糖試驗／現代親子教養四大危機／親子教養 3R 策略／科技公司執行長的教養秘訣

| 第2章 | **3C 與大腦認知功能：** 數位時代的學校教育

數位痴呆症／i 亞斯伯格症／數位分心的危害／多工處理的危害／思

考力竟然退步／數位學習的限制／瀏覽，不再精讀／大腦結構改變與症狀／學習動機低落／「笨」方法，造就「聰明」大腦／還給學生優質的學習環境

第 2 篇 ▶ 網路症狀面面觀

網路遊戲成癮／解析負向親子互動／六步驟正向溝通法／認識動機式晤談

智慧型手機成癮的特徵／哪些人容易智慧型手機成癮／戒除手機成癮
非易事／「巴甫洛克」電擊手環的啟示／動機式晤談的六階段四原則
／療效的終極原因

第 **4** 篇▶▶邁向整合的治療策略

網路成癮與自殺行為／網癮的家庭治療／拒學族的心理癥結／繭居族
的現象成因／協助繭居族的心理準備與具體做法

目錄 contents

註：本書各章開頭的短篇小說初稿，曾經刊載於《張老師月刊》2016 年 1-12 月號（第 457-468 期）「春春@雲端」專欄，小說與書中其他案例皆為臨床經驗改編，並無指涉特定個人，如有雷同，純屬巧合。

〔推薦序1〕

E 世代競爭力：手機健康用自控力

柯慧貞

亞洲大學副校長兼心理系講座教授、台灣臨床心理學會前理事長
台灣心理學會前理事長、臺灣網路成癮防治學會創會理事長

　　我在 2014 年和一群有使命感的好友共同創立了台灣網路成癮防治學會，張立人醫師是學會第一屆理事，我們一群臨床心理、精神醫學、資訊教育等相關的專家學者看見 e 世代網絡沉迷的新興心理問題及其危害，也感受到許多家長與兒少青少年的苦惱與需求，我們一起倡導「上網不上癮」。

　　立人醫師於 2013 年就寫了《上網不上癮：給網路族的心靈處方》（心靈工坊出版）一書，這本書以非常流利易懂的文筆，結合實例，介紹什麼是網路成癮、其危害成因及治療建議。這本書已是很多學生、老師及家長認識網癮的入門書籍。

　　這幾年，隨著手機和 APP 使用的普遍化和低齡化、遊戲廣告的氾濫，3C 成癮問題更成為很多兒少青少年的重要行為議題；如何預防也成為學校與家庭的挑戰。根據亞洲大學團隊 107 年 12 月針對 515 份國中生與 1012 份高中生家長的管教困擾與需求問卷調查結果，發現困擾國中生家長的 3C 管教問題乃擔心孩子上網受騙、被霸凌（41.7%）、視力和身體變差（39.2%）、玩 3C 功課退步（32.8%）、擔心孩子看色情、暴力影片遊戲（32.2%）、孩

子沉迷 3C 難以管教（24.3%）等；而困擾高中生家長的 3C 管教問題，也是擔心孩子上網受騙、被霸凌（40.7%）、視力和身體變差（37.2%）、玩 3C 功課退步（21.2%）、擔心孩子看色情、暴力影片遊戲（18%）、孩子沉迷 3C 難以管教（16.9%）等。由此可見，約有二至四成青少年的家長正為孩子 3C 不當使用及其危害所困擾，但不知如何管教。針對此，很高興立人醫師的新書《APP 世代在想什麼》，可為家長們分憂解惑了。

　　立人醫師再度彙集臨床案例和最新文獻，以流利生動文筆撰寫新書《App世代在想什麼》，全書分為四大篇，前兩篇聚焦於兒童、青少年的家庭和學校教育及常見網路不當使用議題的解析；第三篇則介紹能提高沉迷當事者健康上網動機的溝通和晤談技巧，最後則介紹具體的戒癮方法，包括戒癮宿營、透過親友幫助多與真實世界接觸等，以及極具特色的三力自癒法（正念力×好眠力×好食力），乃從行為、身體、睡眠、飲食等多方面切入的整合性醫學策略。這本書兼具具體實例和新知引介，讀者若能充分加以應用，預期可有效協助解惑很多 3C 成癮相關的個人和家庭困擾；很樂見此書的出版，相信有益於促進社會大眾 e 世代重要競爭力——手機健康用的自控力。

網路世界的最新導覽與素養指南

林煜軒

國家衛生研究院、台大醫院精神部 主治醫師

「每天打線上遊戲幾個小時,就算是網路成癮了?」深耕網路成癮的臨床與研究多年,不論是在我的診間裡,還是研究發表的採訪時,我都覺得這是個最簡單,也最困難回答的問題。我總是反問:「每天要讀書幾個小時,才能考全班前三名?」關心網路成癮的朋友們,大概可以秒懂我要表達的意思了:關心孩子有沒有網路成癮,就和關心他們讀書的狀況一樣,重點是瞭解網路、書本裡的世界有多吸引他;而不是著急地計算他坐在電腦、書桌前幾個小時了。但不是在網路世界裡土生土長的我們,該怎麼認識網路世界呢?

《App世代在想什麼》就是一本完整的網路世界導覽,每個篇章的開始,都是則有趣的故事:從小被平板電腦(iPad)養大的「艾培」、整天時時刻刻不斷向朋友同事傳 LINE 的「賴主任」……這本書不只告訴您「網路遊戲障礙症在兒童青少年的盛行率」,還讓您如臨現場般地看到了從拒學到賭氣休學的線上遊戲玩家,還有他不知所措崩潰的媽媽,以及氣急敗壞打算斷絕關係的爸爸。相信您可以從張醫師幽默感性的筆觸中,欣賞到網路世界裡最新、最完整的風土民情;也無痛地上完一門「網路心理學」的課程。

您有沒有想過：Facebook 只能「按讚」不能「按爛」，和 YouTube 能「按讚」也能「按爛」的設計，對這兩個社群平台的生態，有什麼深遠的影響？這本書集結了張立人醫師最細膩的各種觀察。早在智慧型手機風靡台灣的七、八年前，我和張醫師一起編寫了「智慧型手機成癮量表」，我就由衷地折服張醫師觀察到手機改變我們生活樣貌的各種現象。張醫師對網路與手機世界冷靜的視角與細膩的觀察，讓我成為他第一位受益的同事——我們編寫的「智慧型手機成癮量表」自 2014 年發表在國際期刊至今，已經有德、法、西班牙、伊朗等全世界將近二十個國家要求我們授權翻譯，也有將近兩百篇論文引述這份手機改變生活的觀察報告。相信這本是渴望了解網路世界的您，絕對不能錯過的好書。

　　張立人醫師的這本最新作品，也是市面上、乃至學術界非常少見的網路素養指南。張醫師毫不藏私地分享許多融合各家之長，與自身臨床實戰的心法，例如建議每個家庭都可以向遊戲公司學習，讓有學習障礙的孩子「有榮耀」、「有目標」、「有互動」、「有驚喜」就是非常實用的方法。張醫師先前在心靈工坊出版的大作《上網不上癮》已經被許多政府部門做為制定政策的專案名稱；相信這本續作，能夠更深入地讓每個家庭瞭解「App 世代在想什麼」，而且健康快樂地「上網不上癮」。

　　閱讀這本書的過程，就是讓我們對照網路生活與「傳統現實生活」的治療體驗。這本書引述一則讓我印象很深刻的研究提到：瀏覽網頁時，大部分人的視線是類似英文字母 F 的方式往下跳讀。而在寫這篇推薦序時，我特別請心靈工坊寄給我紙本的書稿，因為我相信翻閱書本，用筆劃線註記，這些高度手、眼、腦的協調，可以讓我對內容的體驗更加深刻。當我想到本書提到的「瀏覽網頁的 F

型視覺動線」時，我還記得那是前幾天，我讀到紙本大約前三分之一處，我在右邊中間的位置用螢光筆劃線，還有用藍筆潦草寫下了速記，因此我很快地就找到了這段描述。從神經科學的角度來說：我的這項知識記憶結合了翻書的觸覺感官、同時我大腦內的視覺空間、色彩圖像、記憶、聯想等多個腦區的神經連結，也依序啟動。瀏覽網頁和閱讀電子書，可能就沒辦法喚醒、活化那麼多大腦的區域。因此，恭喜您翻開了這本書，也祝福您細細品味、體驗、享受這本書。

前言　網路數位時代的美麗與哀愁

　　根據國家發展委員會近年全國最大規模調查，網路族每天平均使用電腦、手機、平板或電視上網 3.4 小時，二十至二十九歲網路族上網時間最長，平均每日上網 4.5 小時，十二至十九歲爲 2.9 小時。占網路族上網時間最多的活動，第一名是瀏覽網路社群（如臉書、instagram）45%，第二名是使用通訊軟體（如LINE）39%，其次是：搜尋生活或休閒資訊（27%）、看影片（20%）、閱讀新聞（19%）、連線遊戲（18%）。

　　我們身處美麗的人時代，現代哥倫布們靠「滑手機」發現了一片又一片的網路新大陸，見證並參與人類知識史上的關鍵革命：從 1995 年全球資訊網 WWW 普及，1998 年 Google 網路搜尋引擎成立，2007 年第一代智慧型手機 iPhone 出現，2009 年 Facebook 快速成長，2011 年 LINE 通訊軟體問世，2016 年，擴增實境手機遊戲「精靈寶可夢 GO」（Pokémon GO）上架，一週內吸引六千五百萬名玩家，同年，大型線上遊戲「英雄聯盟」（League of Legends）玩家破億……你我的生活型態已徹底改變，不分國籍無限年齡皆享受著網路數位時代的生活風景，但內心深處也不禁感到淡淡的哀愁……

訊息瘋狂連環炸，大人小孩都很忙

　　網路世界裡目不暇給的超連結，讓我們的注意力無限拓展。大型

網站一邊收集你的個人資訊，一邊為你量身打造商業廣告，處處可見置入性行銷。結果，我們的注意力愈來愈渙散，分心、健忘、不知道自己在幹嘛……變成家常便飯，原本只是看一則轉傳的新聞，五分鐘後卻已經在購物網站結帳，恐怕是你一開始沒料到的。能有幾分鐘的專注，那可真是奢侈！

你我變得好忙碌，不隨時查看手機點開接到的所有訊息，就沒辦法過日子了。從兒童、青少年到成年人，每天成百上千的簡訊、語音訊息、熱門文章、轉傳影片湧進我們所擁有的數位裝置，手機、平板和電腦。

回想二十年前，還沒有智慧型手機，連手機都沒有，只有室內電話，大哥大等級的老闆才有行動電話「大哥大」。現在，連小學生都有收不完的簡訊、看不完的臉書，連上課聽講也沒時間了，事業似乎做的比「大哥大」還廣泛，實際上卻是一事無成，「裝忙」，而不是「真忙」，不是忙在真正重要的事情上。

我出國期間，才一天沒上網，打開 LINE，簡訊顯示「999＋」，如果我每天都一則則查看這些訊息，恐怕也無法從醫學院畢業、當好醫生，以及寫出你手上這本書了。

變得急性子、社交焦慮，更孤單了

收到簡訊之後，我們習慣一分鐘內就回覆、按個讚，或者立即轉傳出去，這個動作變成生活中最重要的事，學校作業、公司業績、生涯規劃、感情經營都退居次位了。

同儕壓力讓我們極度焦慮。「不讀不回」、「已讀不回」，深怕傷了對方的心，沒有立即關注就是沒義氣。取而代之的，我們「秒讀秒回」，生活步調變得更緊湊，對方也「秒讀秒回」，循環不

已，你我都變得性急，不管發出的是什麼都需要立即得到回應，秒回的壓力讓彼此都喘不過氣，我們都成了數位控制狂。結果就是，你我愈來愈在意他人的想法。

手機遊戲在商業文化下風行，讓追逐新奇的青少年趨之若鶩。許多青少年本來沒興趣玩遊戲，卻因為害怕同儕嘲笑「你太遜了！」、「你老扣扣喔！」，或是因為同儕競爭，希望獲取認同，開始把大量時間用來玩線上遊戲。

當父母介入、給予規範，孩子理直氣壯地回答：「其他同學玩的時間更久，他們父母都沒管。」或者犧牲睡眠追劇，大喇喇地辯稱：「同學都在看，我不看，就不知道要跟他們聊什麼。」

社群網站營造了友誼的「幻象」，瞬間讓我們覺得受歡迎、擁有許多朋友，一旦回到真實世界中，你感覺依舊孤單，沒有能深談、深交，甚至在危機時刻幫你解危的朋友。

花愈多時間在社群網站，我們失去愈多結交真實朋友的時間。朋友也愈來愈像手機裡的App，需要對方時打開，不需要時馬上切換到另一位。友誼愈來愈是個手段，而不是目的。

在臉書或社群軟體上的互動、友誼、愛情劇碼，各式各樣的愛恨情仇煽動我們的情緒，讓我們時時刻刻魂不守舍。頻繁使用社群媒體，滑臉書、PO文、自拍上傳 instagram 等等，已經對我們的身心產生難以言喻的衝擊。

麻省理工學院科技社會學教授雪莉‧特克（Sherry Turkle）在《重新與人對話》（*Reclaiming conversation: the power of talk in a digital age*）中提到，一位大四女生帶男生回宿舍到床上親熱，當男生去洗手間時，她拿起交友App，查看附近有沒有其他男生願意與她約會。這印證了：當人的選擇（包括伴侶）太多，反而容易

感到不悅或孤獨。

網路時代，要離開一段感情很簡單，當事者在社群軟體上傳個表情圖案，或者直接移除好友名單，就結束了。但如果你是這樣「被分手」的那個人，卻又會為這種方式感到憤怒不已，不希望遭遇這種爛分手方式。我們怎麼這麼矛盾呢？

許多戀人分秒頻繁地發送簡訊，取代面對面溝通，一段感情往往因此以分手告終。為什麼？因為雙方在網路上刻意呈現出的「理想自我」形象，都不是真正的自己，一旦真實相處之後，容易為彼此「真實自我」的糟糕形象感到失望。特別是面對衝突性的要求，沒有正面接球，而是躲回簡訊溝通，反而加深歧見。這類在虛擬中也許親密、現實中卻完全不親密的「親密關係」之所以會迅速結束，也就不令人意外了。

在兩人關係中，手機成為最可怕的「小三」，搶奪雙方各自的關愛。甚至有人抱怨伴侶太愛滑手機，愈來愈不重視自己。當一方把手機砸爛之後，感情就加溫了！難怪英國知名作家艾倫・狄波頓（Alain de Botton）說：「對方在你身邊，而你根本不想查看智慧型手機，那就是真愛。」

當遊戲變成你的人生……

十多年前，擔任台大醫院總醫師的我，在門診中發現網路與遊戲成癮現象嚴重，開始投入相關治療與研究時，曾面臨多數醫師同行的質疑：

「上個網、玩個遊戲很正常，哪有可能上癮？」

「網路遊戲成癮？真是小題大作、無病呻吟！」

「不要看到什麼，都當成疾病！」

2002 年，南韓、中國等亞洲國家政府陸續關注網路成癮、網路遊戲成癮，並投入大量資源進行治療與預防。以南韓為例，政府每年斥資四百萬美元推動「網路解毒研究」，成立超過一百四十個網癮預防中心、一百家網癮治療醫院，每年培訓網癮預防人員超過一千名。

南韓政府貫徹網癮介入模式，透過各地區網癮防治中心提供三級預防，包括：一級預防：學校網路使用教育與家庭教育；二級預防：為國小、國中、高中生實施網路成癮早期篩檢，針對有網癮者提供個別、團體與居家介入；三級預防：與合作醫院提供治療與復健。

到了 2016 年，南韓國務總理黃教安在主持國家政策調整會議時，還將**電玩遊戲、網路、酒精、依賴性藥品、賭博**歸類為五大上癮物進行列管。反觀國內，長年來處於醫界與學界內部的爭論、家長與師長看法的矛盾中，僅有少數專業人員正視網路來勢洶洶，積極投入相關研究。

2013 年，美國精神醫學會將「網路遊戲障礙症」（internet gaming disorder, IGD）列為 DSM-5（精神疾病診斷準則手冊）的研究診斷，位階尚非如憂鬱症之臨床診斷。

2018 年，世界衛生組織（WHO）以迅雷不及掩耳之速，將網路遊戲成癮直接列為正式精神疾病，稱為「遊戲障礙症」（gaming disorder），我國衛生福利部「心理及口腔健康司」隨即跟進，正式宣告與網路遊戲成癮抗戰的時代開始。

我們終於認可了網路遊戲成癮的存在，但這只是開端，你可曾想過：未來網路遊戲的成癮性會如何發展？

2016 年爆紅的手機遊戲「精靈寶可夢 GO」，發表三週全球下載

次數就破億，許多玩家是兒童，在世界各地引起風潮。甚至聽聞國外有成年人辭掉工作，就為了抓寶。

根據研究，「精靈寶可夢 GO」遊戲的好處包括：增加運動、社會化、戶外活動，缺點則包括：誘拐、非法侵入、暴力、金錢付出，或因為沒有留意到現實地理環境跟手機中擴增實境的呈現有落差，而增加受傷的機會，危害人身安全，特別是兒童青少年。

「擴增實境」的下一步，就是「虛擬實境」。

已有許多研究證實「虛擬實境」可行的醫療用途：曾用於焦慮症、恐懼症或妄想症狀的治療，模擬所恐懼的情境，譬如所害怕的高樓、蟑螂或陌生人等，應用放鬆技巧並反覆置身於該情境練習，終能培養合適行為、重建自信，和「現實暴露」的效果一樣好，且符合成本效益。然而在「虛擬實境」遊戲方面，可能不是太樂觀。

以往孩子躲在房間電腦前打線上槍戰遊戲，連玩三個小時，覺得膀胱漲得難受，至少會起身上個廁所，經過廚房，還會進去喝個水，甚至吃點東西。

未來的「虛擬實境」叢林槍戰遊戲，孩子玩到一半，覺得膀胱漲得難受，說不定就近在遊戲裡最近的一棵棕櫚樹下小解，媽媽剛好進門來，看到的可能是孩子正在書桌前尿尿！

可以預期地，從「線上遊戲」、「擴增實境」，到「虛擬實境」的網路科技進化，不可避免地讓「虛擬」與「實境」間的分際更模糊，包含網路遊戲成癮在內的病態行為與精神疾病，罹患人數將「沒有最多，只有更多」。

根據 2019 年科技部幼兒發展資料庫研究，台灣三歲幼兒每日使用 3C 時間達到 2.3 小時，遠超過美國兒科醫學會建議 1 小時的上限（參考附錄二），令人擔憂。若孩子過度使用 3C，身為父母的

你卻不介入的話，小心，你可能已經觸法！為什麼？

2015 年，「兒童及少年福利與權益保障法」修正第 43 條，明列：

兒童及少年不得為下列行為：……五、超過合理時間持續使用電子類產品，致有害身心健康。父母、監護人或其他實際照顧兒童及少年之人，應禁止兒童及少年為前項各款行為。

衛福部保護服務司及國健署建議為：兩歲以下禁用 3C 產品。兩歲以上的「合理時間」為一次 30 分鐘，兒少每 30 分鐘就得離開 3C 產品。

此外，針對使用 3C、暴力電玩、接觸色情網站，「兒童及少年福利與權益保障法」第 91 條針對父母訂定了以下罰則：

供應有關**暴力**、**血腥**、**色情或猥褻**出版品、圖畫、錄影節目帶、**影片**、光碟、**電子訊號**、**遊戲軟體**或其他物品予兒童及少年者，處新臺幣二萬元以上十萬元以下罰鍰。

從兒童青少年心理、大腦發展，以及權益保障的角度，3C 看似輕鬆愉快，其實是相當嚴肅的議題！

蘋果公司執行長提姆・庫克（Tim Cook）曾說：「我不相信需要過度使用科技，我不認為一直使用科技就能成功，我一點都不相信這件事。」

他接任蘋果執行長以來，一直相當關心孩子在課堂外的發展，認為不應該讓科技成為課程唯一的本質，必須小心不要被科技所綁架。

他說：「我沒有孩子，但我有一個姪子，我對他有一些標準界線，有些東西是我不允許的，我不想讓他使用社群媒體。」

數位時代身心健康的反思

我對數位時代身心問題的觀察與解方，呈現在我一系列作品中。

《上網不上癮：給網路族的心靈處方》針對新興的網路成癮現象，探討其定義、成因以及治療之道，加上許多真實案例，針對一般人常見的疑惑，完整的加以解說。

臨床上，我觀察到兒童青少年問題性網路使用（指沉迷網路並產生問題，嚴重度也許尚未達到網路成癮），常來自於親子負向思考模式、失能的壓力因應、缺乏對生命歷程的反思，遂出版《生活，依然美好：24 個正向思考的秘訣》，以我的親身經歷，描述醫療現場或戲謔或悲愁的生命故事。

考量到父母情緒失控、親子衝突在網癮形成中的關鍵角色，我強調父母親須先紓解職場壓力，出版《在工作中自我療癒》，從職場心理學、情緒管理與神經科學的角度出發，看清職場壓力背後的真相，剖析其原因，並且提供職場減壓策略和自我療癒的練習。

我也發揮營養醫學的專長，出版《大腦營養學全書》，以實證角度建立出「大腦營養學」的知識架構，提供讀者關於生活方式、飲食、營養、藥草、正念的自然處方，帶來好心情與好腦力，改善大腦症狀，同時提升了身體的免疫力和自癒力。

而在《終結腦疲勞！台大醫師的高效三力自癒法》，我系統化地提出「三力自癒法」，為改善網路數位時代的腦疲勞、預防身心疾病的發生，做出總體建議。

如今，我將在這本書中舉出重要醫學研究，介紹過度使用網路數位裝置為兒童青少年及成人大腦帶來的隱憂，如：沉迷網路、發展遲緩、分心、過動、衝動、無法等待、情緒不穩、憂鬱、社交退

縮、自閉行為、易怒、言語與肢體暴力、霸凌，可能被診斷為網路遊戲障礙症、注意力不足／過動症、雙相情緒障礙症（躁鬱症）、憂鬱症、社交畏懼症、人格障礙症、對立反抗症、行為規範障礙症、學習障礙症或更多其他精神疾病，並分析網路世界令人眼花撩亂的心理變化，當孩子沒有手機就失魂落魄時，家長該如何面對？當學生沉迷網路遊戲荒廢學業，老師、專業人員該如何從旁協助？當成年人因過度使用手機，帶來心理與健康危害時，該如何自助？

網路普及每個家庭、改變我們的生活，至今不過二十年，我們熟悉的世界再也不同以往。如何善用這個新興科技，讓生活擁有網路的助力，而不是阻力，是從政府、社會、學校、家庭到每個人都該正視的嚴肅問題。

期望你我在網路新大陸上，能多些美麗，少些哀愁！

PART

1

數位時代的
大腦危機

🔍   Digital age

3C與兒童心理發展
數位時代的家庭教育

你的孩子有以下狀況嗎？

坐不住、活動量過大、分心、健忘、衝動易怒、對立反抗、破壞物品、攻擊他人……

你非常困擾，左思右想：家裡沒遺傳、懷孕期間順利、產程正常、都有給孩子「餵飼料」、力行愛的教育、沒有家庭暴力或虐待情事……到底原因出在哪裡？

這個原因，可能就是孩子手上正在使用的手機！

網路心理極短篇：i 童年

「包可孟小朋友，你今年幾歲？」穿白色衣服的醫生叔叔問我。

我才不管他哩，一進到這個房間，我就看到超級超級大的窗戶，外面有台北 101 耶！

我往前衝，左腳踏在小椅子上，右腳踩在桌子上的垃圾車玩具，用力一跳，就蹦到了窗戶前面。

我一看，旁邊小公園裡有超級超級大的沙堆。不管，我要去玩！

我再往前衝。砰！我彈回桌子，背壓在垃圾車上，滾到地上。我抱著頭，大叫：「有玻璃，好痛啊！」

媽媽伸手要抱我，我揮她一拳，啪一聲。

「誰叫你剛剛都不理我，害我從窗戶摔下來！」我說。

「可孟，這裡是醫院，乖乖坐好！」媽媽摸著手臂，生氣地說。

「我不管，好痛啊！」我摸著背，繼續大喊。

「今天我帶你來看醫生叔叔，看你為什麼這麼過動。」她說。

「我不管……我要玩雞雞！」我突然想到。

「啥，什麼雞雞？」醫生驚訝地問。

「『機機』，是他的手機，不是那個『雞雞』啦！」媽媽尷尬地笑著說。

「他想要拿手機玩 LINE 遊戲，跑跑薑×人、×兔村保衛戰、旅遊×亨……」她繼續說。

「可孟，你最喜歡玩什麼遊戲？」醫生叔叔問。

「你管我！」我說完，繼續大哭。

「醫生，他就是這樣，稍微不順他的意就大叫大哭，我快被搞瘋了！」媽媽紅著眼眶說。接著，她從大袋子裡拿出一大包洋芋片，打開後放到我的手上，「乖乖吃，不要吵。」

「他是怎樣把妳搞瘋？」醫生問。

「每天大吵大鬧、在家裡衝來衝去、根本坐不住。他爸買再好玩的玩具給他，玩了三十秒就丟掉，一直跑來吵我，我的工作是接案子，網站設計，現在根本沒辦法在家裡工作。」

「他什麼時候開始變這樣？」醫生再問。

「大約一年前，之前都是我公婆帶，他們住在南部。長輩很寵孫子，都順著他，一哭鬧就帶去買玩具、吃糖果、去遊樂園玩；我們這一代的童年什麼都沒有，不聽話就挨棍子，哪敢哭鬧。」

「所以，之後你和先生接他回來後，開始覺得很難管教？」

「沒錯，我幾乎快崩潰，發現自己無時無刻都在吼他，可是他反

而變本加厲，鬧得更凶。」

「你們怎麼做呢？」

「我先生是竹科工程師，有次發現拿手機給他玩，他馬上就安靜了！再給他玩手機裡的遊戲，他可以大半天都不吵不鬧。我先生看網路轉傳的文章說，手機會讓小孩變聰明，直說這個重大發現幫助了世界上所有的親子和平相處，應該得到諾貝爾和平獎！」

我正打開醫生背後大櫃子的抽屜，哇，裡頭有剪刀、美工刀和螺絲起子，但是我怎麼都拿不到。

真煩！我衝去門邊，打開門，再重重甩上，碰一聲，好好玩！

醫生往我這邊看了一眼，皺起眉頭，又問媽媽：「他變安靜了，後來為什麼又開始哭鬧了？」

「那時，他一定要看著手機才願意吃飯，手上握著手機才願意睡覺。一個月後，他就有『過動症』了，每天在家裡橫衝直撞、跳上跳下，無一刻不停，有幾次槌破玻璃，流血不止。他還有『躁鬱症』，只要沒手機，就來吵我、尖叫、要不然就打我……」

「他打妳的時候，妳怎麼反應？」

「現在都說要『愛的教育』呀，所以我沒還手，一直跟他講道理，『正向溝通』，可是，他還是繼續打我。他爸受不了，揍過他，結果沒效。後來發現，只要把手機還給他，他馬上恢復正常，只好這樣了，不然生活過不下去！」

「他一天到底玩多久的手機？」

「就早上起床到晚上睡覺，手機、平板加起來，十個小時吧！」

醫生嚇了一跳，說：「可孟恐怕不是過動症和躁鬱症，而是網路成癮。這麼小的孩子，最好不要給他玩手機和平板，真的要玩，每天不要超過半小時。」

我聽到「半小時」非常生氣，故意把洋芋片灑在地上，唰的一聲。媽媽轉過來看我，說：「怎麼這樣，等下媽媽又要幫你清理了！」

我當作沒聽到，把剩下的洋芋片繼續倒出來。

「可孟，聽到沒有，每天只能玩半小時啊！」媽媽大聲說，「是醫生說的啊！」。

「啊～咿～哼～啊～」

我躺在地上緊閉雙眼，頭用力往後撞，尖叫：「不管，我要雞雞！」

「絕對不行！醫生說你有網路成癮，不能再玩手機。」媽媽說。

「不管，我一定要雞雞！」

「不行。」

「不管，我一定一定要雞雞！」

「不……行……啦。」媽媽猶豫地伸手到皮包，好像在摸手機。

她偷瞄了醫生一眼，醫生正在打電腦，也看了她一眼。

「真的不行啦！」她伸出空空的雙手。

我看到電腦上插著一根棒子，上面一根鑰匙，搖來搖去。

我跳上去，伸手一抓，「啪」一聲，棒子斷成兩截。

「ㄟ，我的隨身碟，裡面有我的博士論文，只差最後一章就完成。我寫了五年，這下完了！」說完，醫生臉色發白，攤在椅子上，一動也不動。

我想到一開始醫生叔叔問我：「今年幾歲？」

我三歲啦！

故事主角包可孟只是三歲幼兒，疑似 3C 上癮，還合併多種大腦症狀，包括：坐不住、無法等待、分心、情緒不穩、自我傷害、對立反抗、暴力等，幾乎囊括兒童精神醫學教科書裡面常見的病名，由此可見學齡前幼兒一旦過度使用網路，會對身心造成莫大傷害。

這個真實案例聽來令人萬分感慨，因為在漫長的人類歷史上，從來沒有三歲就 3C 上癮的患者。如今，進入網路的第二十年，特別是行動上網（智慧型手機）問世的這十年，各家電信業者為了搶奪市場商機，不斷推出「吃到飽」的各種優惠方案，推波助瀾之下，小小上癮患者一個個出現。

這群幼兒，與其說是 3C 科技的受益者，不如說是受害者。

注意力不足、過動與行為問題

3C 上癮的包可孟出現了分心、活動量過大、衝動、情緒不穩定、暴力等症狀，醫學上稱之為注意力不足、過動與行為問題。

2019 年，加拿大一個涵蓋三千多名幼兒的出生世代研究中，阿爾伯塔大學（University of Alberta）小兒科的塔馬納（Sukhpreet K. Tamana）博士等人發現，五歲孩子每日看螢幕（包括遊戲、平板、手機、電腦、電視、DVD 等）的時間平均約 1.4 小時（他們三歲時平均為 1.5 小時），和每天用不到半小時的孩子相比，那些每天使用超過兩小時的小孩，出現外顯問題，如注意力不集中、攻擊性等的機會增加 5 倍，明顯注意力問題的機會則增加 5.9 倍，其嚴重度達注意力不足／過動症程度者，竟然達 7.7 倍！

為何如此呢？

2018 年，華盛頓大學精神科教授迪米崔‧克里斯塔基斯（Dimitri A. Christakis）在《美國國家科學院院刊》（*Proceedings of the National Academy of Sciences of the United States of America, PNAS*）發表的實驗中，將出生後第十天的老鼠分派為兩組，一組是一般養育，一組則處在模擬數位螢幕刺激的情境下，在籠子四面加上色彩繽紛的亮光，配合卡通頻道的聲音隨時變換，每天六小時，為期四十二天。之後進行多項大腦認知功能測驗。

結果，數位螢幕刺激組的老鼠出現過動傾向、不知危險，大腦依核（Nucleus accumbens）與杏仁核出現麩氨酸傳導變化，類似人類的注意力不足／過動症。克里斯塔基斯指出，光是數位螢幕帶來的感覺過度刺激（excessive sensory stimulation, ESS），就能造成對大腦的危害。而我們甚至還沒談到螢幕播放的內容呢！

研究也發現，如「芝麻街」等幼教節目，對於學齡前幼兒的教育是有正面效益的，但若讓嬰幼兒觀看，卻會導致語言發展遲緩。

2019 年，加拿大卡爾加里大學（University of Calgary）心理系麥迪耿（Sheri Madigan）博士等人在《美國醫學會期刊：兒科學》（*JAMA Pediatrics*）的最新研究再次印證：兩歲孩子使用數位螢幕的時間愈長，可以預測他到了三歲時，接受發展篩檢測驗的分數會變差；三歲孩子使用螢幕時間愈多，可以預測他到了五歲時，接受發展篩檢的測驗分數會變差。

數位螢幕確實危害了三歲以下幼兒的大腦發展，美國兒科醫學會早已禁止一歲半至兩歲以下嬰幼兒接觸數位螢幕。世界衛生組織也在 2019 年四月建議：不足一歲的嬰兒務必完全遠離電子螢幕。

到了青少年時期，數位螢幕對大腦的潛在危害仍在。

2018 年，美國南加大預防醫學系愷林·雷（Chaelin K. Ra）等人在《美國醫學會期刊》發表的一篇文章中，針對洛杉磯十五歲至十六歲，共兩千五百八十七名青少年進行兩年左右的追蹤研究，他們一開始都沒有明顯注意力不足／過動症的症狀，每天頻繁使用的數位媒體種類（包括：社群媒體、追劇、簡訊軟體等），平均是 3.6 種，超過一半的青少年頻繁使用社群媒體。

結果發現：多頻繁使用一種數位媒體，出現注意力不足／過動症症狀的機會就增加 11%。沒有頻繁使用任何數位媒體的青少年，出現注意力不足／過動症症狀的盛行率是 4.6%，頻繁使用 7 種數位媒體的青少年，比率倍增至 9.5%，頻繁使用十四種數位媒體的青少年，比率增至 10.5%。

別小看幼童分心或過動

幼兒園階段的幼童上課不專心、坐不住、調皮，看起來好像無傷大雅，有時還有點可愛，但是如果太輕忽這個現象，後果卻不是父母能夠想像的。

加拿大魁北克從 1985 年到 2015 年，有一項針對三千多名幼兒園孩童的追蹤研究，蒙特利爾大學（Université de Montréal，簡稱 UdeM）費爾耿斯特（Francis Vergunst）博士等人分析數據後發現：五至六歲幼稚園孩童的行為，竟然可以預測三十年後的年收入！

在幼兒園階段，老師針對孩童行為進行評分，包括：注意力不集中、過動、攻擊、對立、焦慮、利他行為。分析後發現：男童

注意力不集中、對立或攻擊，可以預測他們在三十三至三十五歲時收入較低；如果男童有利他行為，則能預測未來收入較高。女童注意力不集中，預測未來收入較低。以上相關性和智商與家庭背景無關。

此外，男童每減少一標準差的注意力不集中，未來年收入約增加三千零七十七加幣（約台幣七萬元），女童每減少一標準差的注意力不集中，未來年收入約增加一千九百一十五加幣（約四萬四千台幣）。以四十年的職業生涯換算，分別增加七萬三千兩百三十二加幣（一百六十八萬台幣）、四萬五千五百六十九加幣（一百零五萬台幣）的總收入。

這個研究告訴我們：「五歲定終生。」幼童使用數位裝置，可能助長注意力不集中症狀，這個影響將貫徹到成年後，並影響多數人念茲在茲的收入。可見，父母應積極關注幼童使用數位裝置的狀況，以及分心、對立、攻擊等症狀，別讓孩子經歷「少壯不努力，老大徒傷悲」。

兒童觀看電視的經典研究：與注意力不集中、認知能力下降有關

二十年前，每個家庭裡的電視機曾是兒童的最愛，但父母一拔掉插頭就沒得看，只得乖乖念書或出門打球，而且一走出家門就看不到電視。研究早已指出：電視機與遊戲機和注意力不足／過動症相關行為問題有關。

《兒科學》刊登了西雅圖華盛頓大學小兒科教授克里斯塔基斯與公共衛生學院的佛德里克‧齊默門（Frederick J. Zimmerman）等人的研究，他們發現：嬰幼兒在一歲或三歲時每天看電視的時間，可以預測他們在七歲時出現注意力不足的症狀。每多一個小時，就多 9% 的機會。若比一般孩子看電視時間多 2.9 小時，機會將增加來到 28%。

《兒科學》針對一千三百二十三名兒童與青少年，持續一年的追蹤研究也發現，不管是看電視或打電動，和接下來發生注意力問題都有關。

齊默門和克里斯塔基斯等人研究也發現，三歲以下的幼兒每天多看一小時電視，到了六歲時的認知測驗分數，包括：閱讀辨認與理解能力、工作記憶能力等，都出現等比例的下降。

紐西蘭南島第二大城丹尼丁（Dunedin）進行的世代追蹤研究[1]中，奧塔哥大學（University of Otago）心理學家藍休斯（Carl Erik Landhuis）等人也發現：兒童時期每增加一小時的電視時間，青少年罹患較嚴重注意力缺失問題增加 44%。兒童時期每天看電視時間超過兩小時，青少年時注意力就落在「後段班」了，看電視大於三小時的，注意力問題特別嚴重，即使已經不再愛看電視，這關聯性仍然存在！

註1　紐西蘭的第一所大學奧塔哥位於丹尼丁，大學附設醫院的兩個部門，在丹尼丁展開了一項延續數十年的大規模長期研究計畫，從 1972 年 4 月初到 1973 年 3 月底，在丹尼丁出生的大約一千名孩子，從他們出生的那一刻起，便成為這項研究追蹤、觀察的對象。

丹尼丁研究的主要目的之一是，沿著這群孩子人生最初的十一年，觀察他們自我節制能力的發展情況，進而研究這些發展過程對這些孩子日後的人生有何影響。所有參與這項研究的孩子，分別在三歲、五歲、七歲、九歲和十一歲時，在家長的陪同下，接受心理學家和醫師歷時將近一整天的詳細檢測。檢測的結果總結成每個孩子個人自我節制能力的總和。

現在，從嬰幼兒、兒童到青少年，每天盯著智慧型手機持續觀看網路影片，等於把電視抱在胸前，**隨時隨地看電視**，且內容更加有誘惑力，有時父母親還「搶不走」，其隱憂難以想像！

不只是看電視的時間長短，內容也是關鍵。

克里斯塔基斯等人發現，三歲以下的嬰幼兒每天多看一小時暴力電視節目，五年後出現注意力不足的機會變成 2.2 倍，每天多看一小時非暴力休閒電視節目，注意力不足的機會變成 1.7倍。

父母親必須從旁協助孩子慎選電視媒體內容，這相當重要的。嬰幼兒多看電視會變笨，並非危言聳聽，因為這是大腦快速發育的黃金時期，可說分秒必爭，更難想像的是誘惑力更強的智慧型手機、平板等數位裝置所帶來的五花八門內容。

如何讓孩子變笨？也許，就是讓他多看數位螢幕。

病態性遊戲使用

進入國小、國中以後，3C 上癮危害大腦的威脅持續著。

《兒科學》刊登愛荷華州立大學（University of Iowa）心理系道格拉斯・簡泰爾（Douglas A. Gentile）等人的研究，他們針對新加坡三千多名國小三、四年級，以及國中七、八年級學生，進行兩年追蹤調查，發現這群兒童青少年每週在電玩遊戲的時間平均為二十一小時，當中 9% 學生已經達到病態性遊戲使用（Pathological video game use）的程度，也就是沉迷、失控且造成負面影響，其比率與其他國家類似。

哪些孩子容易變成病態性遊戲者呢？

這篇追蹤研究清楚地說明：兒童青少年出現病態性遊戲使用的危險因子包括：遊戲時間過長、社交能力弱、衝動性強，而且將因為病態性遊戲使用付出可觀代價，如明顯的憂鬱、焦慮、社交畏懼、學校課業表現不佳等。

除了大腦症狀，病態性的遊戲或網路遊戲使用，還導致兒童青少年睡眠不足、白天嗜睡、活力與學習力差，而且因為久坐不動、缺乏運動，容易產生肥胖，和成年後產生多重身體疾病有關。

關切兒童青少年肥胖問題

2019 年，世界衛生組織指出，全球肥胖兒童青少年在過去四十年間，增加了 10 倍，已經達到一億兩千萬人之譜，因觀看數位螢幕而久坐不動，是元凶之一。

▶ 要如何預防兒童青少年肥胖？

▶ 世界衛生組織建議從五歲以下嬰幼兒做起（全文參考附錄二）

▶ 二至四歲間，每天「久坐螢幕時間」不超過一小時，如看電視或影片、玩電腦遊戲，但一歲前完全不能接觸數位螢幕

▶ 減少久坐習慣，包括坐嬰兒推車過久

▶ 每天健康體能活動

▶ 擁有充足睡眠長度與品質

史丹佛棉花糖試驗（Stanford Marshmallow Experiment）*2*

持續過度使用 3C，不只危害孩子的大腦與身體，還有一個關鍵

問題。

史丹佛大學一項經典實驗中，四歲孩子被研究人員帶到小房間裡，桌上有顆糖果，研究人員跟孩子說：「你現在就可以吃這顆糖，但是如果你多等一下，等我回來，你可以吃到兩顆糖。」

研究人員離開十五分鐘，監視器記錄孩子獨自在房間的行為：有些孩子馬上就吃下糖果，有些孩子則出現不同程度的耐力。

研究人員追蹤這群孩子直到青少年，評估他們的社交與學業表現。結果，當初能夠克制衝動、等待而得到兩顆糖的兒童，和當年較衝動、馬上把一顆糖給吃下的兒童相比，明顯較能面對壓力、更有自信、容易被他人所信賴、在學校表現較出色、學科能力測驗（SAT）好很多！後者的測驗成績明顯較差，且在語文與數學成績上，遠遠落後於前者。

顯然，若孩子能夠控制自己，能暫緩內心想要得到立即滿足的渴望，學會等待、忍受不舒服的感覺，做到「延遲滿足」，未來會有更佳的表現。

根據英國國家廣播公司報導（BBC Earth），前述紐西蘭丹尼丁的追蹤研究從 1972 年開始，長達四十四年，共一千多名參加者，研究主持人里奇·波爾頓（Richie Poulton）發表驚人發現：從一人三歲時就可以看到他／她二十三歲的樣子，換句話說，幼年行為可以預測一個人的未來模樣。

他發現：四歲幼兒接受「棉花糖試驗」者，馬上拿起糖果的，屬於「低控制力」型，佔一成。三十年後，他們的工作收入明顯較

註2　由史丹福大學沃爾特·米歇爾（Walter Mischel）於 1966 年到 1970 年代早期，在幼兒園進行的有關自制力的一系列心理學經典實驗。

差，容易罹患心臟病與糖尿病。

此外，若在兒童時期電視看得多，長大後容易膽固醇高、有菸癮。相反地，電視看最少的兒童，獲得大學畢業文憑的機率是電視看得多的兒童的 4 倍。

研究結果告訴我們：**「自制力」是孩子面對3C，以及真實世界的關鍵。**

因此，當孩子到了約定放下手機的時候，總是拖拖拉拉，跟父母討價還價，父母就需要提高警覺了。

為什麼？

這表示孩子的「**自制力**」薄弱。

若父母立場不夠堅定，讓孩子一再拖延使用的時間，日復一日，半載一年後，孩子出現網路成癮、合併精神疾病症狀，到時候再來應對就難了！

現代親子教養四大危機

父母該怎麼做呢？

請父母先回頭檢視自己是否面臨親子教養三大危機：

一、親職忽略

上述案例中，包可孟的父母顯然是過度依賴「電子保姆」。

現代人幾乎都成了「低頭族」，父母在繁忙工作之餘，沒有家族分擔、協助之下，遭遇教養難題時，馬上想到史上最好效能「電子保姆」，它一出場孩子就安靜。所謂「黑貓白貓，能抓老鼠的，就是好貓」，申請網路搭配電信業者優惠方案，還免費送你手機加平板，便宜又好用，當孩子「低頭」，父母也能更專心「低頭」，真

是皆大歡喜！

我們看到故事中的包可孟情緒很不穩定，正是少了父母親的真實陪伴與互動，缺乏安全感。實質上，父母忽略了親職，「人在心不在」，孩子也只能和丟在他眼前的手機培養感情了。

現代家庭的普遍寫照是：孩子放學後，馬上去安親班、補習班，回到家已經是晚上九點後。爸媽是「窮忙族」，「十年前很忙，十年後更忙，存款卻沒有增加」，到了晚上十點才回家，吃過飯、洗過澡，幸運的話，終於有三十分鐘可以相處。這時，爸爸用筆電打電動，媽媽用平板追劇，小孩想跟父母講話卻沒人理會，也學著滑起手機，在臉書上面貼文：「我爸媽都不愛我，只有你們臉友最關心我！」

當孩子還在幼兒園、國小階段，還會主動靠近父母，一天經歷了大小事都會說個不停，但是如果父母的心多半在手機上，無意間忽略了孩子，孩子感到沒有人在乎自己、被拒絕、不被肯定，漸漸失去安全感，對父母的信任愈來愈稀薄，甚至開始懷疑自己。

到了國中、高中階段，孩子「青出於藍，更勝於藍」，使用網路遊戲、社群媒體的時間比父母更頻繁，網路成癮症狀浮上檯面，情緒不穩，父母想要找他聊聊時，他的房門卻是緊緊鎖上，花上十倍的力氣，都不見得能說上一句話，父母眼中只有那個「每天擺臭臉，卻不願意溝通」、讓他們頭痛的孩子。

現代社會中，親職忽略的型態還有許多種。

有些家庭，母親需輪班工作，回家後還有做不完的家事，疲於奔命，父親則加班應酬，到深夜了醉醺醺地回家，直接倒在床上呼呼大睡。孩子回到空蕩蕩的屋子中，即使是百坪大的豪宅，缺乏家庭的溫暖、沒有親情的引導，孤獨、寂寞，自然投身熱鬧的遊戲

世界。一旦遊戲成癮，又輕易地隱瞞失控的遊戲狀況，甚至編造謊言，父母根本不知道孩子在幹嘛，因而延誤了協助的黃金時機。

有些父母則是常常上演激烈的衝突，或者陷入冷戰，孩子看在眼裡，常自我責備，或者捲入其中，無法信任任何人。當孩子在家裡得不到親情及安全感，反而覺得遊戲世界才是他的家：許多一起在線上的玩家，就像親愛的兄弟姐妹，而遊戲公司的董事長才是我老爸，董娘才是我老媽！父母即使再忙碌，陪伴孩子、互動的時間不能少，不管是父親或母親都一樣重要。

二、負面身教

包可孟的行為，嚴格來說是無意識地從他的爸媽身上學來的。因為在兒童階段，「社會學習」心理對行為發展的影響非常深遠，父母的一舉一動，孩子都會不自覺地模仿。

如果父母整天和孩子處於都是 3C 螢幕的房間裡，沉迷於虛擬世界、遊戲與社群軟體，在孩子的成長過程中，他看到的父母都是低頭滑手機看平板，自然會覺得那才是人生第一要務，什麼關心家人、寫作業、做運動、學才藝，都是次要的了。

只要手機或平板一出現，全家每個人的注意力瞬間轉移，親子關係斷層，父母親等於親身示範：手機比家人重要。

也許孩子有心理困擾，譬如被同學霸凌，心裡百般猶豫要不要說出來，又看見父母心都在手機上，當然更不想問，父母也因而錯過協助的第一時間。

古代有「孟母三遷」，百般尋覓只為了幫孩子選擇最佳學習環境，反觀數位時代的父母呢？

三、過度保護

包可孟的父母有個特質，就是遇到孩子無理取鬧時，無法堅持原則，立即舉白旗投降。

孩子長大後，在晚上十點該交出手機的時間，一再拖延要求再多十分鐘，每天晚上演「奪機大戰」，討價還價，父母捱不過孩子的「軟硬兼施」與「軟土深掘」，過了半年，他到了半夜三點還在玩手機，這時就難以收拾了。

姑且不談孩子是否使用手機過久，這一世代的孩子其實都是在過度保護的環境中長大。

我在診間問父母：「為了增加孩子到戶外運動的時間，你們有什麼獎勵方式？」

父母的回應往往夾帶抱怨：「老實說已經想不出來，因為最新的智慧型手機他有了，平板有了，筆電也有了……還缺什麼？」

當今幾乎可說是人類歷史上物質條件最富裕的時代，孩子從小享受父母犧牲青春、工作奮鬥的成果，養成自我中心的個性、覺得世界就是要配合自己，把慾望的滿足當成理所當然，無法容忍挫折，因此有所謂「草莓族」、「玻璃心」，學術上則稱為「自戀世代」（Narcissistic epidemic）。

父母若一味碎念，不從孩子的觀點來看事情，不懂得傾聽、理解、接納，孩子容易出現情緒障礙，以及網路成癮，嚴重者甚至有自殺傾向。

事實上，許多父母以為愛孩子是滿足孩子一切需求、要什麼給什麼，但孩子心裡對父母卻只有批評：「他們根本不關心我！」

有些家庭是「隔代教養」，孩子由爺爺奶奶帶大，他們看到孩子

沉迷 3C，還以爲孫子使用電腦代表頭腦很好、很用功，不知道孫子都在打電動遊戲。有些父母看不下去，想要出手設限，但遇到強勢的老一輩，覺得孩子自有主張，父母太嚴格了，反而成了孩子最好的擋箭牌。

有些家庭則是老來得子，做了十幾年人工受孕、試管嬰兒，好不容易「中」了，唯恐給孩子的保護不夠；或者，父母自己小時受限過多，把對自由的渴望投射到孩子身上；或者，單親父母覺得孩子沒有完整的愛，只好從物質上盡可能地補償孩子，以致溺愛。

以上情況都是普遍可見的家庭現象，孩子再怎麼沉迷上網、荒廢課業、網路成癮，在父母親眼中竟是完美無缺的天使。要嘛就是老師和醫生的錯，我的孩子怎麼會有錯？！

四、過高期待

當孩子又沉迷於網路遊戲，養成眼高手低的習性，面對課業總是發呆、拖延，甚至「擺爛」，一個小時過去，還寫不到一個字。

父母想到親戚朋友的小孩都念明星高中，擔憂家族企業以後怎麼交棒給他，心急之下的溝通轉變成責備、嫌棄：

「九九乘法表這麼簡單，爲什麼都不會？！」

「英文單字爲什麼每次都拼錯？！」

「爲什麼全班同學都考九十分，你只考六十分？」

「你這麼笨，到底是不是我們生的？！」

「你，真是丟我們的臉！」

孩子當下，確實是課業落後了，父母需要協助找出問題，是學習遇到困難嗎？還是其他因素？父母需要平心靜氣，和孩子一起解決學習路上的每個關卡，甚至需要重燃對課堂上學習的動機。

親子教養 3R 策略

當包可孟長大，進入幼兒園、國小、國中、高中階段，父母有效的家庭教養，才是能預防孩子產生網癮的關鍵。

第一個 R：Role【模範】，父母親要當最好的模範

雀兒喜‧柯林頓（Chelsea V. Clinton），美國前總統柯林頓與前國務卿希拉蕊的愛女，曾與史丹佛大學教授詹姆斯‧史戴爾（James P. Steyer）共同推動健康上網活動。

她說在全家用餐時間，包括早餐與晚餐，不看電視、也不聽廣播，父母經常和她談論生活、新聞與 3C，討論如何辨別新聞的真假與特定立場。她很少單獨使用 3C 產品，大多是在父母陪同下，而且她也會和父母分享自己所觀賞的 3C 內容。

有次，八、九歲大的她看了一部輔導級（PG-13）電影，父母的失望眼神讓她感到非常自責，她因此遭到禁足一個週末。長大後，她和父母公開討論媒體，保持坦誠而開放的對話，對於生活中的任何事件，可以無話不談。

所以父母是孩子學會健康上網的最佳模範。

相對於柯林頓家裡的開誠布公，許多低頭族父母在用餐時間，也沉迷在自己的網路世界裡，孩子當然有樣學樣。

有些父母與孩子意見相左時，很快地拿起手機，逃遁到自己的網路社群裡，尋求慰藉，而孩子也不遑多讓，立即登入槍戰遊戲，射殺敵人洩憤。在父母不當的示範下，孩子學不到有效地面對面溝通，只學會一種解決方式：逃避。

反之，如果父母說：「沒關係，坐下來，你再多說說，我們討論

看看。」好好示範了面對人際衝突的健康方式，親子不僅「愈吵感情愈順暢」，當孩子面對在學校與職場出現的人際衝突時，不再是害怕逃避，而是懂得承受情緒與壓力，持續溝通並克服問題。

有些親子在吵架時，改用簡訊互罵，其實反而因此凍結了情緒，未能好好處理問題。倒不如大吵一架，不迴避，深入了解彼此，家庭反而能從中成長。

父母是開啟「家庭對話」的典範，主動關心家人、關心他們在學校與職場發生的事，示範如何分享、傾聽與討論，培養孩子站在他人立場思考的同理心，學會主動關心親友，從正向互動中感到滿足，情緒智商 EQ 自然提升，不容易有情緒障礙、網路成癮，更別說出現霸凌行為了。

若父母示範健康上網，節制地使用手機，一同使用益智類的 App 或看影片，談話時就放下手機。父母利用假日帶孩子親近、認識大自然，孩子變得有好奇心、有觀察力、心胸也開闊；或是一起到圖書館，說故事給孩子聽，孩子變得愛看書、愛思考、愛想像。

身教力量大無窮

中國藥學家屠呦呦，因發現青蒿素可有效治療瘧疾，在八十五歲成為首位榮獲諾貝爾醫學獎的華人，震驚海內外。而她的「三無」背景：無博士學位、無留洋背景、無院士頭銜，更是叫人吃驚。

她是怎麼成功的呢？

她的父親是銀行職員，平時喜歡在擺滿古籍的閣樓裡讀書，她

也最愛去那裡。當父親看書時，她也裝模作樣地擺本書看，雖看不懂文字，插圖卻讓她看得津津有味。書香環境及父親身教，為這未來的諾貝爾醫學獎得主打下最好的基礎。

第二個 R：Real【真實】，培養孩子對真實世界的興趣

在長年的臨床經驗中，孩子是否網路成癮，可說是遊戲公司與父母親之間的拔河。

遊戲公司聘請最優秀的工程師，每天晨會批鬥，只要市佔率下降，遊戲不夠好玩，就要熬夜想出更能誘惑消費者的遊戲。同時還大量應用「教育學原理」，讓孩子對遊戲有興趣，取得成就感。

相反地，父母親對孩子一下過度控制，一下嚴厲批評，一下威脅斷網，親子處在惡性循環中，孩子在家裡感到無聊、缺乏樂趣，就在房間裡直接「逃家」，奔向遊戲公司，把遊戲公司的董事長和董娘認做父母。

真正的問題是：家庭生活讓孩子感受到樂趣嗎？

在河畔騎腳踏車、打羽毛球、到野外露營、探索新景點、一塊唱歌、樂器合奏，並且讚美孩子……家長應鼓勵孩子培養各種運動習慣、學習有興趣的才藝項目、參加團體活動如：校內或校外社團、夏令營、童軍營、志工活動，廣交朋友、學習團隊合作、練習表現機會，享受當真實英雄的感覺。

在真實世界當英雄的孩子，才不會沉迷於網路遊戲的英雄幻想。中國精神科醫師陶然甚至建議，每個家庭都應該向遊戲公司學習：

➡ 有榮耀：協助孩子建立榮耀感與成就感，尊重孩子的興趣與表現。

➡ 有目標：設立合理目標，鼓勵孩子設定目標

➡ 有互動：引導孩子與周圍的人形成良性、有愛的互動

➡ 有驚喜：在親情、學業、事業上創造驚喜

門診中，相當多孩子有「學習障礙」，在國文、英文、數學等學科的學習中面臨很大的障礙，但我至今尚未發現有孩子對於線上遊戲出現「學習障礙」現象。為什麼？

遊戲公司所創造的樂趣，在孩子身上奏效，真的是所有家庭都要急起直追的！

親子共讀和樂融

從小培養親子共讀，是一個創造真實樂趣的方法。

根據 2019 年科技部幼兒發展資料庫研究，家中幼兒書籍超過三十本之比例，在澳洲為七成，台灣僅四成，有三分之一不曾親子共讀，僅三成每週共讀次數超過四次，遠低於國外家長。

研究也發現，低社經家庭中，書本數量、親子共讀次數，都明顯較少。令人擔憂的是，當低社經家庭也買得起 3C 產品的時候，表面上看來就跟中產階級家庭一樣能享受，但實際上卻會惡化低社經家庭的命運！

美國兒科醫學會在 1989 年推動「閱讀為醫囑，童書為處方」計畫，提倡親子共讀，2014 年則建議家長盡早念故事書給孩子聽，納為兒童醫療照護政策。

因為親子間的語言與社會互動、多元認知刺激，會促進孩子前額葉成熟，而這是電子書、智慧手機及平板都無法取代。

第三個 R：Rule【規則】，及早建立家庭網路使用規則

林書豪小時候，很愛打籃球，不愛念書，他的媽媽想出一個「兩全其美」的方法：「念書念愈久，打籃球打愈久」。結果他既能發展興趣，專心在籃球裡，又能念好書。哈佛經濟系畢業之後，他選擇不進入高薪的華爾街，而踏入籃球場，跌跌撞撞許久之後，終於成為籃球巨星，締造「林來瘋」（Linsanity）的奇蹟。

為了讓孩子不過度沉迷 3C 產品，父母要建立明確的使用網路的規則：例如一天玩幾小時？幾點玩到幾點？一個禮拜玩幾天？

對於孩子的網路嗜好，父母親最好的原則是：讓孩子透過表現，包括健康休閒、有氧運動、完成功課、分擔家事，「賺到」自己的網路時數。相反地，當孩子今天在學校與家裡都表現欠佳，也沒有信守諾言，網路時數就會短少甚至取消，有了明確的規範，孩子才能維持健康的生活作息、在學業與遊戲之間取得平衡、培養自我控制力，以及為自己行為負責的責任感。

至於學業的部分，應以時間或完成度來看孩子努力的程度，而非看考試成績。

不少父母對於 3C 的設限備感壓力，因為會面臨孩子持續的挑戰與威脅。青春期孩子衝撞規定的想法是正常的，但他們長大後反而會感謝父母的決定，這表示父母「真的在意」他們。青春期的叛逆，幾乎每人都經歷過，父母會摸不著頭緒也不意外。

父母應謹記：國有國法，家有家規，就算孩子玩的網路遊戲，也都要講「遊戲規則」的！

家長一看到孩子沉迷於網路遊戲時，往往就是訓斥、威脅、斷網，但孩子依舊沉迷不悟。一名輔導人員於是建議家長：「那就給

孩子空間，讓他自己培養自律習慣。」過了半年，孩子不僅網路成癮症狀加劇，還出現暴力行為。

無數血淋淋的教訓告訴我們：對於網路遊戲，千萬別「放牛吃草」！

健康上網服務落實 3R 教養

許多家長曾經試著控制上網時間，但要切斷網路時，馬上上演親子「撼天動地、山崩城毀」的「路由器戰爭」，每天都在討價還價。幾乎沒有意外，父母都落得敗戰下場，眼睜睜地看著孩子玩到半夜，而父母早已累得睡著。

幸好，有個人願意進入每個家庭來「當壞人」，扮演家庭網路秩序的維持者，那就是：健康上網服務。

國內最早有中華電信，提供「色情守門員」，以及「上網時間管理」功能。但有家長表示，一旦設定晚上十一點斷網，孩子固然不能上網，爸爸也不能再打線上遊戲，媽媽不能再追劇，全家十一點床上躺平。

拜網路科技不斷推陳出新之賜，以「Family＋健康上網」服務為例，已能將上述 3R 教養原則融入於下述功能：

▶ 資安防護與網站過濾：針對國小前、國小、國中、高中、成人族群，對於應該避免的網站提供不同攔阻設定，也可客製化。

▶ 各裝置獨立智慧管理：針對每個家庭成員、每一台 3C，設定不同的時間限制，譬如週一幾點到幾點、週六幾點到幾點、臨時上網時間、禁止上網時間等。

▶ 生活任務獎勵表：將家庭上網規則落實，首先設定孩子每天應該完成的：寫作業、準時上床、倒垃圾、運動、打掃房間等為「任務清單」，再列出上網、遊戲夜、吃點心、出去玩等「獎勵清單」，核實完成任務、兌換獎勵與批准日期。

▶ 報表分析及異常示警：可以看到全家每位成員每日、每週、每月、每年實際上網的時間、頻率、密度等，且提供上網時數比較表，讓家人間可以互相激勵，達成「上網不上癮」。

　　「Family＋健康上網」服務現在可以免費下載，在下方QR Code 官方網頁上，也提供網癮辨認與預防的影片、親子教養專家的文章，家長可善加運用。有智慧的父母懂得善用科技，來管理全家的科技，讓健康上網成為自然習慣，不需要勉強。

科技公司執行長的教養秘訣

　　當亞洲父母為了國小或國中階段孩子手機或網路成癮而傷透腦筋時，記者比爾頓（Nick Bilton）在 2014 年《紐約時報》（*The New York Times*）〈賈伯斯是低科技父母〉一文中爆料，他曾問蘋果手機創辦人賈伯斯：「你的孩子一定很愛 iPad 囉？」

　　沒想到賈伯斯說：「我孩子沒用過（iPad），我不讓他們在家裡接觸太多科技。」

　　更令家長感到意外的是，賈伯斯「每晚和家人一起圍坐在飯廳的長桌邊共進晚餐，談論書籍、歷史和各種話題。沒人拿出 iPad 或筆電，一點都看不出來他的孩子對這些裝置有成癮的樣子。」

試問，當今有多少父母會在晚餐時刻放下手機、追劇，連電視也關起，專心一意地和孩子討論書籍、歷史與各種話題？

比爾頓也訪談了知名科技公司執行長，他們鼓吹其他父母小孩多買手機、滑手機、拚命上網，對待自己的孩子卻是：

➡ 五歲以下：不准接觸數位科技裝置。

➡ 十歲以下（國小中低年級）：不允許在平日使用平板電腦或智慧型手機，假日只能使用半小時到兩小時。

➡ 十歲到十四歲（國小高年級至國中八年級）：平日只能在寫家庭作業時，用電腦半小時。

➡ 十四歲以上：才給予智慧型手機。

➡ 絕對不准在臥室使用平板和手機。

讀到這邊，你可能發現十分弔詭的事情：製造、販賣手機的人，鼓勵別人和小孩多使用、多花錢的同時，自己和小孩其實卻少用，這代表什麼呢？

手機與大腦競爭力

　　美國神經科學家波拉斯（Martin P. Paulus）等人進行「青少年大腦認知發展」（Adolescent Brain Cognitive Development，簡稱 ABCD）研究顯示，使用螢幕媒體（Screen media）最多（前四分之一）的青少年中，男生較多（佔 60%），每週使用時數達五十四小時，較為過重或肥胖，令人吃驚的是，父母之中有 59% 為高中或以下學歷，其中高達 42% 離婚，父母總收入年

薪大多（67%）在十萬美金以下（大約三百萬新台幣）。

相反地，螢幕媒體使用最少的那群青少年（後四分之一），女生較多（佔 58%），父母有 75% 為大學以上學歷，其中只有 19% 離婚，父母總收入年薪大多（57%）在十萬美金以上。

我從這份研究中看到一項可悲的社會現實：貧富差距。

我們可以看到：收入較差的家庭，愈依賴 3C 產品，父母的親職教養愈少，孩子的大腦競爭力明顯較差，外顯行為症狀多。相反地，收入較好的家庭，對 3C 的依賴愈少，孩子的大腦競爭力明顯較佳，外顯行為症狀少。

也就是說，孩子若困在 3C 牢籠中，可能在競爭激烈的社會中難以翻身。下一代大腦競爭力的差距將維持上一代貧富差距！

張醫師的小叮嚀：數位時代的家庭教育

▶ 父母要了解，過度使用 3C 產品，可能危害到兒童、青少年的大腦，對學齡前幼兒的傷害尤為明顯。

▶ 限制使用 3C 產品的時間，兩歲前不用（除了視訊通話之外），幼兒園階段每天一小時以內，國小至高中階段在不影響運動、睡眠的前提下，視個別表現給予使用時數。

▶ 親子陪伴每天至少半小時以上，這是不能逃避的，包括跑跳運動、親子共讀、說故事、玩玩具、實體遊戲等。

▶ 培養孩子對接觸大自然、參與多元真實活動、培養日常生活的興趣。

▶ 培養孩子自己一個人玩的能力、學習體驗孤單、懂得安撫自己的情緒。

▶ 不要因為孩子鬧情緒，就馬上滿足孩子使用3C的要求，應合理限制。

▶ 對於不適當行為，如過度激動、大聲哭鬧、言語或肢體暴力等，採用暫時隔離法，例如：坐在角落椅子上，視情節安排五至三十分鐘，認錯並知道如何改善才能起身。

▶ 父母不應貪圖自己方便，或要孩子安靜，就把手機或平板當成賞賜給孩子的糖果。務必拒絕「電子保姆」，給孩子應有的成長環境。

▶ 善用健康上網服務，自然地培養好習慣，讓全家每個成員都做到「上網不上癮」。

3C與大腦認知功能
數位時代的學校教育

你的孩子在課業學習上遭遇障礙嗎？

學習障礙形形色色，包括：文字書寫、拼音、文法、標點符號不正確；讀字、閱讀速度、閱讀理解差；數感、算數法則、計算、數學推理困難。

有些嚴重度達到特定學習障礙症（Specific learning disorder），包括：書寫障礙、閱讀障礙、數學障礙等，導致在班上的成績總是殿後，即使老師提供針對性的教學資源，仍難有起色。

明明現代教學技術這麼強、學習資源如此豐富，為什麼愈來愈多父母苦惱孩子的學習問題？孩子的人腦認知功能真的變差了嗎？

這個答案，我們需要再次從孩子手上的 3C 產品開始找尋。

網路心理極短篇：中國字

「媽咪，我頭痛！」剛從安親班回來，我流著眼淚說。

她正在手機上看 LINE，沒講話，也沒看我。是沒聽到嗎？

「媽咪！我耳朵吱吱叫、心跳好快、沒辦法呼吸、胸部好悶，是不是心臟病？」我大吼。

這時，她才把頭抬起來，慌張地說：「什麼？艾培，你怎麼跟阿公一樣，他可是腦中風。你不會遺傳到他吧？趕快，我帶你去看醫

生。」

「我不要看醫生啦，看到醫生會更嚴重。」

「這麼嚴重又不看醫生，那要怎樣？」

「你趕快把 iPad 給我，上了一整天的課很累，玩一下遊戲就好了。」我哀求。

「好啦，現在是晚上六點，玩到八點。」她說。

我答應了。但才過一下子，媽媽就叫我收 iPad。八點這麼快就到了？我再次哀求。

「好啦，最多再玩半小時就別再玩了，去寫國語作業，你得多練字。我今天感冒不舒服，先去睡了。」她說。

看到她關上房門，我鬆了一口氣。

我玩了兩年「×石戰記」，最近下載「王國×元」來玩，自己當城堡領主，和其他玩家組聯盟攻擊敵國並俘虜英雄，玩得超爽！

我的手指在平板上輕快地跳躍，一下輕按、一下長壓；一下死命搓揉、一下像彩虹劃過整個螢幕。如果鋼琴就是這樣彈，我一定可以念音樂系，像我媽當鋼琴老師。偏偏我討厭鋼琴，因為她從我小時候就開始逼我練琴。

上課的時候，我也在腿上演練遊戲的手指動作，就好像有塊平板。吃飯時，我一定要邊玩平板遊戲。躺到床上，頭腦裡想的是明天要怎麼打，亢奮到睡不著。

平板電腦問世的第一天，就是我開始玩遊戲的日子。那是國小一年級，我上廣州天河區的小學。

爸爸是程式設計工程師，公司派他來廣州工作，我從幼兒園剛畢業，就來到廣州。同學知道我從台灣來，總是用異樣眼光看我，那意思好像是：「你的表現怎麼這麼差？！」

我最討厭國語課，因為我根本不會寫中國字。簡體字的「宝」，我覺得超難。英語和數學更難，偏偏學校只有這三門課，輪來輪去，其他什麼體育課、美術課、音樂課都改成數學課。我每天只有在家玩平板遊戲時才覺得快樂。

到了四年級，媽媽看我撐不下去，決定把我帶回台灣。

結果，上國語課時我幾乎快昏倒，因為全部是繁體字，本來就難寫的「宝」現在變成了「寶」！我從下面右邊的那撇開始寫，再寫左邊，接下來描中間的四槓，畫旁邊的兩根柱子，然後，寫到最上面，哇，寫成「買」了，還佔了兩大格，SHIT，又要重寫了！

媽媽說我專寫「鏡像字」，跟天才達文西一樣。可是我根本「不想」寫字……其實是「不會」寫字。老師講的內容我都聽得懂，我也能講出這些國字，但一定要寫在作業簿上嗎？想到我就當機。這些中國字超可惡……

我打了一個超大呵欠，伸伸懶腰，看著時鐘已經半夜四點。我又想繼續玩，又累。

我一定睡著了。被媽媽從桌上拉起來時，我眼睛完全睜不開。

看到醫生阿姨的時候，我才真的醒過來。媽媽說：「他這麼小年紀，就跟阿公一樣，心律不整、呼吸困難、頭痛、耳鳴，老師說他不專心、動來動去，唯一不會動的時候，是在睡覺。醫生，我今天早上很擔心他是不是腦中風？所以帶他來看病。」

經媽媽一講，我也害怕起來，我不會跟阿公一樣腦中風吧？

「小朋友，你這麼不舒服啊……最近壓力很大喔？」阿姨問我。

「艾培，你跟醫生阿姨講有哪裡不舒服。」

我一時不知道要講什麼。

「你叫 iPad？」阿姨開心地問。

「不是，我叫王艾培啦。」我說。

「玩 iPad？」阿姨笑得更開心了。

「對！他真的很喜歡玩 iPad。」媽媽說。

「我有不少病人因為過敏來找我，氣喘、鼻炎、結膜炎、異位性皮膚炎等。一看他們的名字，常有個敏字。」醫生說。

「真的？我叫作郭敏真，聽起來就像過敏症……等會看完診，我要帶艾培去龍山寺算命攤改名字。」媽媽說。

「言歸正傳。艾培，你有多喜歡玩 iPad？」阿姨問。

「我每天抱著 iPad 睡覺。」我說。

「現在小朋友好像不抱史努比、凱蒂貓或芭比娃娃睡覺了。你從幾點開始玩？」她問我。

「五點離開安親班，五點半吃飯，吃完就開始玩。」

「玩到什麼時候呢？」

我看了阿姨一眼，又看了媽媽一眼。

媽媽說：「沒關係啦。你就講。」

「到半夜五點……」

「你這是腦疲勞，不是腦中風！」阿姨眼睛發亮地說。

「你打電動打很久的時候，身體會分泌超多腎上腺素，雖然你覺得很興奮，但身體壓力太大，受不了，產生疲勞、頭痛、耳鳴、心跳加速、窒息感，都是腦疲勞。」她繼續解釋。

「難怪我覺得好累。」我說。

「充足的睡眠可以讓你改善腦疲勞喔！你今年十歲，知道應該睡多久嗎？」

「八個小時。」我胸有成竹地說。

「不，十個小時！」阿姨篤定地說。

媽媽和我都張大嘴巴，難以相信。

「那不就晚上七點就要睡覺？」我問。

「對。可你現在每天只睡三個小時，難怪腦疲勞這麼嚴重！」

這時，媽媽補充說：「艾培功課壓力一直都很大。念廣州小學的時候，老師教得難、又很嚴格，同學拚了命念書，比誰的成績最好。家長要求更高，基本一定要進『中國頂尖中學排行榜八百強』，成績更好的話，擠進華南師範大學附屬中學，那是廣州市第一名的學校，全國第四名。那所學校出過全中國二十三個**狀元**。

「艾培功課一路落後，平板遊戲玩得更凶，最後是完全跟不上，才小四就沒辦法在中國生存，我不得不帶他回來，真的是撤退到台灣來。沒想到在台灣重讀四年級，也跟不上。接下來，還能退到哪裡去？」

「我想要移民澳洲。我討厭中國，為什麼還要學中國字？而且，繁體字比簡體字還更難……台灣人應該學英文才對！」

醫生阿姨和媽媽不講話。

過了半分鐘，阿姨似乎想到了什麼，說：「艾培，你既然喜歡玩iPad，有沒有試過用 iPad 寫國字？」

「什麼？iPad 就是用來玩的，怎麼學寫國字？」

「醫生我知道，可以教他在平板上用手寫國字，傳 LINE 給爸爸。」媽媽說。

阿姨微笑著說：「沒錯！其實 iPad 不只是用來玩的，如果你學習真的有困難，也可以用 iPad 幫助自己。

「玩遊戲的時候，你會跟其他玩家傳訊息不是嗎？你學會寫字，就可以傳訊息給別人，會寫字的好處多多喔！」

我勉強點了頭。

「寫一遍不會，很正常。寫十遍不會，也不叫異常，但寫一百遍的時候，連狗狗都會寫了，你應該也沒問題。我覺得你很聰明的，只是潛力還沒發揮出來，繼續加油喔！」

當看診結束，媽媽叫我跟醫生阿姨說再見，我覺得太陽穴又開始痛了。

張醫師的診療室

類似王艾培的故事愈來愈多了。

孩子的學習障礙，部分導因於腦功能的先天失調，但部分和過度使用 3C、沉迷網路遊戲、社群媒體有關。孩童持有手機、平板的裝置，可能導致難以專注在課業上。

《網路心理學，行為和社交網路》（*Cyberpsychology, Beha-vior, and Social Networking*）期刊總編輯布蘭達・魏德霍德（Brenda K. Wiederhold）博士提到：美國孩童使用手機調查結果顯示，國小三年級學生有 40% 擁有自己的手機，大於 80% 的孩童每天帶手機到學校。孩童獲得手機的平均年齡為十歲，50% 的美國或英國兒童，在十二歲時已有社群媒體的帳號。

兒福聯盟在 2019 年「兒少使用社群軟體狀況調查報告」中，針對全台國小、國中學生進行抽樣調查，發現 82.7% 兒少擁有自己專屬的手機，擁有手機的平均年齡只有十點一歲，87.0% 的兒少有社群軟體帳號，平均每個孩子擁有 3.8 個社群軟體帳號。

你在故事中看到，艾培練習課業的時間嚴重不足，更糟的是，沒有學習動機，根本不想面對學習困難，並付出額外的努力。久而久之，養成動輒逃避到數位裝置與遊戲世界的習慣，可以逐漸成熟的

大腦功能，卻大開倒車，日益退化了。

數位痴呆症

像艾培這樣的國小學生，沉迷線上遊戲真的和學習障礙有關嗎？

美國心理學家羅伯‧衛斯（Robert Weis）等人將六歲至九歲美國孩童在學期初隨機分派為兩組：一為遊戲機組，免費贈送電腦遊戲機，孩子馬上擁有；一為控制組，暫不發放電腦遊戲機，等待四個月，也就是整個學期。研究人員追蹤他們在閱讀測驗的表現。

兩組在學期初的閱讀測驗成績相當，皆為 98 分，到了學期末，控制組成績提升至 102 分，展現出學習效果，但遊戲機組學期成績卻降低為 96 分。在語文書寫測驗，兩組在學期初成績相當，到了學期末，控制組進步 6 分，遊戲機組僅進步 1 分。在老師所觀察到校園問題上，控制組降低 1 分，但遊戲機組卻增加了 5 分。

這項經典研究證實了電腦遊戲機就可能危害兒童的課業學習、產生校園問題，遑論現今成癮性更強的大型線上遊戲與手機遊戲。

到了國、高中階段，上網會對青少年的課業學習產生什麼影響呢？

德國最年輕的精神醫學教授曼福瑞德‧施彼策（Manfred Spitzer）在《數位痴呆症：我們如何戕害自己和子女的大腦》（*Digitale Demenz: Wie wir uns und unsere Kinder um den Verstand bringen*）中，提到一項針對德國二十五萬名十五歲中學生的研究，發現他們的國際學科能力測驗（PISA）成績，和使用電腦與上網的頻率有關，青少年在校成績，從最高排到最低依序是：

➡ 最高成績：「每月」使用數次電腦與網路
➡ 中等成績：「從不」使用電腦與網路
➡ 最低成績：「每週」使用數次電腦與網路

這項研究結果想必令許多家長與老師都大吃一驚，為什麼？

現在大多數學生都是屬於，「每週」使用電腦與網路數次的！

難怪父母常抱怨：「為什麼都上安親班、補習班，還請了家教，孩子的成績還是這麼低落？」

學校老師每年都感嘆：「真是一屆不如一屆啊！」

過度觀看數位螢幕剝奪了孩子面對書本的時間，少了反覆練習、深度思考與積極解決問題的態度，可能危害學習成效。

隱憂還不只如此。

兒童觀看電視經典研究：與輟學、較低學歷有關

紐西蘭丹尼丁的長期追蹤研究中，想探討兒童青少年時代看電視所花費的時間，是否會影響輟學，以及擁有大學畢業文憑。

在控制智商與性別變項後，週間（上學日）夜晚，每增加一小時的電視時間，輟學機會增加 43%，獲得大學畢業文憑機會降低 25%。繼續控制社會經濟階層、兒童早期行為問題等干擾因素後，結論類似。

研究發現，青少年看電視看得愈多，可預測出現輟學問題；孩童看電視看得愈多，可預測無法獲得大學文憑的未來。

丹尼丁研究也發現：四分之一的兒童呈現有語言障礙，影響閱讀能力，若和同學又處不好，不喜歡上學，未來將輟學、犯罪。

當孩子使用數位螢幕愈頻繁，可能影響成績、輟學、是否能上大學與完成大學學業。

像艾培這樣的小學生，學習上已有障礙，加上手機平板隨身的誘惑，他將成為漫長學習道路上，最弱勢的數位科技受害者。

i 亞斯伯格症

除了學習障礙，有一類孩子呈現孤立退縮、少和父母互動、不講話也不表達。臨床上常有父母讀過網路上關於亞斯伯格症（現納入自閉症）的龐雜資訊後，驚恐地帶著孩子來評估。還好，大多數不是自閉症，卻是數位螢幕帶來的明顯危害。

心理學研究發現，嬰兒若缺乏與父母的目光交流，會變得不安、退縮、憂鬱。許多家長低頭滑手機，不再注視孩子，也難怪孩子沒有眼神注視，不會情感交流，變得退縮孤僻。而孩子整天滑手機，無法培養出與人互動該有的技巧，看起來當然像自閉兒！

麻省理工學院社會學教授雪莉・特克（Sherry Turkle）描述美國中學老師所見到的學生：沒辦法看著對方、無法聆聽對方、看不懂肢體語言、不會溝通、對他人不感興趣、傷害他人感情時自己卻一無所知，更無法從對方角度來思考，顯示嚴重缺乏「同理心」（empathy），彷彿都罹患了亞斯伯格症。

老師們觀察到，可能是孩子從小打電玩，取代了可以培養想像力的閱讀，取代了和同學到操場上活動以培養社交技巧，父母可能是更嚴重的低頭族，而鮮少和他們面對面、眼對眼地互動。

大人和小孩好像昆蟲一樣有「趨光性」，只要數位螢幕出現，眼睛就直直地盯，直到天荒地老，忽略了家人親友身邊的人。親子眼神交流減少，孩子的同理心急劇衰弱，在第四章〈網路人格〉會再深入探討這個問題。

數位分心的危害

我有個高中生個案，主訴是晚上睡不著。

我問她：「目前有哪些壓力？」

她說：「我成績退步很嚴重，躺到床上還在煩惱。」

原來，她上了知名的高中後，很用功讀書，上學期每次考試都全班第一。想考大學第一志願的她，發現班上讀書風氣不理想，怕懈怠了自己努力的動機，突發奇想，號召班上用功的同學，共同組成讀書會，開了 LINE 群組，取名爲「愛讀書」。

就是從開 LINE 群組的那晚起，成績卻每下愈況。爲什麼？

同學三不五時就傳給她簡訊，包括必傳給好友的好康訊息，如「限時免費下載貼圖」、「購物網站商品限時下殺三折」、「手機遊戲限時虛擬寶物大放送」、「限時臉書轉傳分享與按讚抽日本旅遊大獎」，手機沒幾秒鐘就發出叮咚聲或震動，她就瞄一下、滑一下、看一下，限時搶好康，不知不覺半小時過去，書還沒開始看、作業還沒開始寫……後來索性大家都在追劇、用 LINE 討論劇情。

她只要一瞄到手機就想滑、煩也滑、無聊更要滑，這樣的「數位分心」讓她無法專心讀書。有了「愛讀書」群組，結果群友都「不愛讀書」了！

下學期，她成績從第一名掉到第十名。她很焦慮，一打開書就心煩想放鬆一下，結果才有心情念書就又滑手機。半小時過去，看到書還沒念，更心煩了，需要滑更久的手機來放鬆……到了半夜兩點，書還沒念幾頁。她發現自己使用手機開始失控，陷入惡性循環。

我說：「可憐的同學，你若想考第一志願，專心念書，我建議你丟掉手機，前往法鼓山閉關三個月！」

若真的「愛讀書」，千萬不要開「愛讀書」線上群組啊！

這讓我想到德州大學奧斯丁分校行銷系教授瓦德（Adrian F.

Ward）等人的研究，讓受試者將手機關靜音，放在三種不同的地方，放在隔壁房間、放在包包、放在桌上，然後進行一系列工作記憶與流體智力的測驗。

你覺得哪一種狀況測驗成績最差？

答對了，就是把手機放在桌上！

研究團隊認為，即使手機使用者專注在眼前的事情，智慧型手機也可能消耗可用的認知能力而影響認知功能。平常就高度依賴手機者，認知耗損的風險更高。

雪莉・特克教授在《重新與人對話》提到，當學校發給每個學生一台 iPad，一名十四歲的女學生抱怨：「所有指定讀物都必須上網閱讀，實在太累，用 iPad 寫作業時，忍不住跟朋友傳訊息、玩遊戲，很難專心在功課上，為什麼學校要淘汰實體課本？」

有位國中一年級男生告訴我，班上同學瘋玩線上遊戲，常嘲笑他不會玩、很遜，他反而找兩位不玩電動的同學，組織真正的讀書會，沒想到愈來愈多人參加，現在已經超過十個人！「近朱者赤，近墨者黑」，整天和過度沉迷 3C 的同學在一起，自己只會更沉迷；和有自制力的朋友在一起，就能開啟不同的命運。

多工處理的危害

你和孩子原本是為了查資料、寫家庭作業、寫工作報告才上網，卻同時打開聊天軟體傳訊、兩種線上遊戲掛網、收電子郵件、上臉書、聽音樂、追劇……看起來「好棒棒」。真的如此嗎？

這稱為「慢性媒體多工」（Chronic media multitasking）。

史丹福大學心理學家艾尤・歐飛爾（Eyal Ophir）和社會學家克利弗・納斯（Clifford Nass）等人針對兩百六十二位大學生，調查

他們使用 3C 媒體狀態，除了滑手機、看電視、上網、傳訊息、收電郵、處理電腦文件，也包括聽音樂與廣播，根據其使用頻率，計算出同時使用的 3C 種類數量，稱為「媒體多工指標」。

接著，受試者接受一系列認知測驗。在比較簡單的測驗中，重度與輕度媒體多工者表現雷同。但在出現其他字母、圖案或記憶的干擾時，重度媒體多工者多花了 77~119 毫秒的反應時間，顯示思考速度變慢。隨著測驗難度增加、分心訊息增加，重度媒體多工者的表現明顯變得更差、更常出錯。

這可能是因為重度媒體多工者在處理多種訊息時，過濾不相關訊息的能力變差，容易分心、被干擾。當工作記憶的負擔變大時，對干擾的敏感度更大。他們不只容易被外在環境的不相關訊息所分心，更被內在腦海的不相關記憶（雜念）給干擾。這項數位時代的重要發現，刊登於《美國國家科學院院刊》（PNAS）。

思考力竟然退步

國內外從小學、中學老師到大學教授，對現代學生的描述都是：匆忙倉促、缺乏耐心、對學習過程毫無興趣、無法獨立思考。真的是這樣嗎？

美國哈佛大學教育學者霍華德·嘉納（Howard Gardner）提出「多元智能」理論，作出劃時代貢獻，他認為新興的數位世代在智慧型手機上按個鍵（App），就能解決問題，構成了「APP 世代」的心理特徵。

這對於他們的大腦發展究竟是是壞？

他指出美國大型創造力與思考力調查中，對比二十年前的美國青少年，現在的「APP 世代」在思考能力各面向，並未隨著數位網路

科技而提升，卻意外地呈現階梯式退步，下降最多的是：**精密性思考**，指的是闡述想法、周密而深刻的思考、創新動機等，特別是幼稚園到六年級的孩童最明顯。

其他下降的思考力還包括：流暢性（產生大量想法）、獨創性（提出少見而與眾不同的看法）、創造力（情感與語言表達能力、幽默感、獨特性、活力、熱情）、開放性（保持思想開放、求知欲、樂於嘗試新事物）。

史丹佛大學精神科醫師艾利亞斯·阿布賈烏德（Elias Aboujaoude）也在《人格，無法離線：網路人格如何入侵你的真實人生？》（*Virtually You: The Dangerous Powers of the E-Personality*）中指出：網路世代出現過於簡化的思考、不完整的表達與溝通（如火星文）、不成熟的行為，屬於退化的網路人格（E-Personality）。

2018 年，台灣的國中會考作文題目為〈我們這個世代〉，考生多以網路數位科技為寫作主軸。公共電視訪問一位考生，她說平日較熟悉抒情文，這下要寫議論文，感到很意外。最後她寫下：「科技的進步，會讓我們愈來愈沒辦法思考。」

許多家長或老師認為使用數位網路科技，能為孩子帶來大量想法、更懂得創新、更獨特、更有創造力、更懂得多元思考、開放接納，可能只是一廂情願的想法。

數位學習的限制

曾經，網路數位學習被認為是王道，部分學校讓學生每人擁一台平板電腦。一段時間後，老師卻發現：孩子出現數位分心、媒體多工、網路沉迷，學習效果比紙本時代還差。

尼古拉斯·卡爾（Nicholas Carr）在《網路讓我們變笨？》

（*The Shallows: What the Internet Is Doing to Our Brains*）指出：
一連串心理學研究中，隨機提供受試者「超文本」（如網頁或電子書等）或「紙本」進行閱讀，發現前者花更多時間才能讀完、對於閱讀內容更困惑、閱讀測驗的分數較差，且「超文本」中的超連結愈多，讀者理解能力愈差。

「數位學習會讓文字的體驗更豐富」的說法一度相當盛行，現在幾乎找不到證據來支持，充其量不過是數位裝置販賣者或狂熱使用者的想像。

原因在哪裡？

認知心理學研究指出，「超文本」中的超連結，會讓讀者轉移更多的注意力和腦力，**判斷是否該點進去**，導致理解內容的注意力和認知資源減少。也就是說，超文本需要的抉擇與視覺處理能力，引起「認知負荷超載」，影響了閱讀與理解的表現。

瀏覽，不再精讀

研究追蹤網路使用者的眼球運動可以發現，在閱讀網頁時，沒有人會像閱讀書本文字一樣有系統地逐行讀下去。絕大多數人會快速掃描整頁文字，視線用類似英文字母 F 的方式往下跳讀。瀏覽網頁是高速的互動行為，一個網頁只會閱讀不到百分之十八，平均花十九到二十七秒就跳走，所以網友們究竟是如何閱讀網頁？

答案是：「他們根本不讀。」

美國聖荷西州立大學圖書資訊系教授劉子明指出，以螢幕為主的閱讀行為興起，瀏覽、掃讀、找尋關鍵字、只讀一遍、非直線閱讀，相反地，花在深度閱讀、專注閱讀的時間不斷在縮減。

然而，神經科學明確指出，大腦突觸連結的形成，需要重複該經

驗多次，才能形成新蛋白質，「固化」為長期記憶。由此可知，在網路上略讀的代價是，犧牲了記憶與學習效果。

Google 董事長暨執行長施密特（Eric Emerson Schmidt）說：「以前搭飛機時習慣看書，自從飛機有無線網路後，就開始掛網，處理電郵、社群軟體，沒時間看書了，我們應該為此想想辦法。」

實體書店一家接著一家倒，為什麼？大家都改看電子書了嗎？

答案是：不，是不再看書了。

這個現象在兒童青少年族群特別明顯，三十年前躲在書店或租書店，搶看瓊瑤、金庸與林清玄，現在全部在家裡低頭，有些躲在暴力遊戲裡，有些鎮日瀏覽臉書或追劇，漫無目的。

看書，是一種精讀的、鑽研的過程，而網頁與社群則多半是瀏覽的、跳讀的，訊息非常大量，卻是錯亂而片段的，正應驗了當代美國語言學大師喬姆斯基（Avram Noam Chomsky）憂心的預言：「網路時代不可避免地帶來『膚淺』。」

從神經科學來看，這裡所謂「膚淺」，是思考深度變淺。當對大腦的認知刺激愈弱、時間愈短，就愈難長出突觸連結；相反地，認知刺激愈強（親身體驗與操作）、時間愈長（反覆思考與練習），大腦的突觸連結愈多、愈長久，就構成一個人的知識與智慧。

這讓古典音樂愛樂者的我想到，以前的 CD，甚至黑膠唱片時代，每一片只有寥寥幾首曲目，只好每天反覆聽。後來 DVD 出現，增加了視覺影像與超大容量曲目，而現在的 Youtube 影片，真正做到無限觀看聆聽……然而，我卻發現自己對音樂的感受不再像以前那樣敏銳了。

大腦注意力資源有限，生命更是短暫，一首曲子反覆聽一千次，和一千首曲子只聽一次，對觀賞者的意義是完全不同，甚至是無法

比擬的！

當「APP 世代」的學生只願意、也只能夠看「懶人包」，只會在「谷歌廟」裡「問神」（稱之爲「搜尋」），卻不太能思考時，讓我們不禁感嘆：手機是愈來愈有「智慧」了，用手機的人卻失去了「智慧」。

大腦結構改變與症狀

前述美國波拉斯等人進行的「青少年大腦認知發展」研究，針對上萬名九至十歲兒童持續追蹤至青少年時期，調查他們使用螢幕媒體活動習慣，包括：觀賞電視節目或影片、看網路影片（如Youtube）、玩手機電腦或其他裝置的遊戲、用社群軟體傳簡訊（如 WhatsApp）、使用社群網站（如臉書、推特、Instagram）、視訊聊天等，在週間、週末每日花費時間，並詢問是否玩成人級遊戲、觀看限制級電影。

腦部影像發現，整體螢幕媒體活動愈多，大腦皮質厚度愈薄，特別在與視覺刺激相關的枕葉區域。另一方面，大腦灰質（腦神經細胞本身）體積也愈少，特別是在眼眶前額葉。

此外，螢幕媒體活動程度和青少年的**大腦症狀**有關，包括：

➡ **較多的外顯症狀**：指過動、衝動、偏差行爲等，和較多使用整體螢幕媒體，以及社群媒體有關。相對地，**內隱症狀**如焦慮、憂鬱、退縮或逃避等，則無關連。

➡ **較低的晶體智力**（crystalized intelligence）：語彙知識累積、技巧、常識、經驗，爲透過後天學習、教育與文化接觸而習得，和使用較多的整體螢幕媒體活動，以及社群媒體有關。

➡️ **較低的流體智力**（fluid intelligence）：指問題解決能力、邏輯思考力、新的事件記憶能力、快速反應能力等，反映神經成熟度，和使用較多的社群媒體有關。有趣的是，遊戲使用者的流體智力反而較佳。

在青少年階段，腦神經組織會進行修剪，大腦皮質變薄屬於常態，但使用螢幕媒體過多的青少年皮質提早變薄，是否和過度衝動、認知控制變弱等大腦症狀有關，需要進一步追蹤。

學習動機低落

前述案例的主角艾培，除了學習障礙，還有學習動機低落的問題，加上對於學習挫折敏感，遊戲逃避壓力，又加重學習障礙。

許多孩子來我的診間時，父母與老師抱怨他們上課不專心、常恍神、坐立不安、成績墊後，甚至拒學，仔細評估後，我發現，多半孩子並無所謂注意力不足／過動症，或特定學習障礙症。

他們是對打棒球、舞蹈、學鋼琴有興趣嗎？非也，只對打電動有興趣，不管是學校教的、父母教的或社會教的，一概沒興趣。他們真正的病灶是：學習動機低落。

學習動機低落，並不是給予一顆提升專注力的神奇藥物就能解決。孩子並非不能專心，而是不想專心、不願意試著專心看看。

到了高中與大學，教師仍普遍抱怨，與中國、亞洲與歐美同齡的學生相比，台灣學子明顯缺乏學習動機，上課依舊分心、恍神、偷滑手機，或寧可躲在宿舍打電動，而不來學校，下課後熬夜滑手機或打電動，直到領畢業證書的那天。

接下來的命運呢？

根據大型求職網所進行的職場新鮮人調查，超過八成的求職者對於完成履歷表「覺得困難」，將近八成覺得最困難的部分是「不會寫自傳」，因為「不知道怎麼寫，才有個人特色」，其他困難依序是「缺乏專業證照或技能可寫」、「外語能力不強」、「缺乏實務或社團經歷可寫」。

　　國小到高中的十二年義務教育，加上大學、研究所四至七年以上的專業教育，仍讓新鮮人覺得撰寫履歷、自傳很困難，這種教育也太悲慘了！覺得自傳、技能、外語、社團都很困難，當然職場壓力更是無止境地增加了。

「笨」方法，造就「聰明」大腦

　　「數位學習」看似主流趨勢，但反觀現代的孩子，還沒開始接觸豐富環境進行多元學習，就已經沉迷於智慧型手機，整天低頭、只動大拇指、被動地接受網路訊息催眠，從大腦可塑性的角度來看，著實令人擔憂。

　　法國學者馬希耶可・隆坎波（Marieke Longcamp）等人進行一系列心理學實驗，想了解：和傳統學習相比，數位學習是否有較佳成效？

　　他們讓孩童與成人學習特殊文字，一組使用電腦打字學習，另一組使用鉛筆手寫。哪組成效較好呢？

　　在平均四歲九個月大的孩童中，鉛筆手寫組的學習成效，明顯比電腦打字組好。在平均二十六歲的成人中，也觀察到同樣的結果。進一步，功能性核磁共振腦部造影顯示：鉛筆手寫組的大腦活化區域較多，包含有關執行功能、心像、動作觀察的部位，特別是在左側布洛卡區（掌管語言訊息處理與表達）、雙側頂葉頂下葉（掌管

語言與感覺訊息處理）。

很明顯地，鉛筆手寫組大獲全勝！

在「智慧型手機」的年代，手寫雖然是笨方法，卻能造就「智慧大腦」。

還給學生優質的學習環境

在「數位學習」的浪潮中，法國國會在 2018 年宣布：禁止十五歲以下的公立中學生與小學生，在校園內使用手機、平板電腦等行動上網裝置，即使在下課休息和午餐時間，也都不能使用手機。

法國以法國大革命聞名於世，是「自由」聖地，如今卻由法國史上最年輕的馬克宏總統授意、國會議會、參議會（上議院），通過限制兒童青少年手機使用自由的法案。這並非「開民主倒車」，對自由合理的設限，反而是有智慧與遠見的做法。立法目的在於：改善學生上課專心度，減少分心、網路霸凌、網路色情，重新專注於學校教育。

法國本來就禁止中小學生在教室裡使用手機，如今這項立法是連休息時間、教室外面也都禁用，學生可以帶手機到校，但必須放在書包或儲物櫃，如發現違規使用，將會沒收手機一整天。整個校園都禁用手機，除非是在老師的指示下才能使用。

手機的用與不用，的確和高中生成績有關。

美國路易斯安那州立大學經濟系教授路易斯─菲力普・貝蘭（Louis-Philippe Beland）等人針對英國四個城市高中生手機禁令實施前後，比較學校成績的變化後發現，成績表現不好的學生，在手機使用禁令實施後，成績進步幅度最大，可達 14%。相對地，成績最好的學生們，在禁令前後，成績維持穩定。

這顯示，對於學校成績落後的孩子，適當限制使用手機對他們大有幫助；而成績較佳的孩子，可能在使用手機上已有較佳的**控制力**。

至於已經成年的大學生，學校多半讓大學生自主管理，但研究指出，數位螢幕仍對課堂學習產生負面影響。對此，雪莉‧特克也在課堂上做實驗，不准使用數位螢幕，如手機。

結果如何呢？

學生發生暴動？罷課？給老師負評？都沒有，反而按讚，得到正面效果。

課堂上，師生交流比平常更輕鬆、有凝聚感，課堂分享更有想法，學生也表示上課比較輕鬆，更加專注。

麻省理工學院可是「QS 世界大學排名」第一的學校。毫不例外，當手機關機，大腦才會開機。

哪些時候用數位科技有益？哪些時候不用比較好？怎樣才能讓大腦更有智慧？這將是數位時代教育的重點。

張醫師的小叮嚀：數位時代的學校教育

一、學校健康上網策略

▶ 國中、國小、幼兒園階段，不適合在校園使用手機或平板

▶ 老師以正向方式與學生溝通，課堂上關機是為了更專注，更快達成學習目標

▶ 安排「靜心時間」：上課前進行冥想、正念呼吸、腹式呼吸等，練習三分鐘

- ► 下課「教室淨空」：讓眼睛看遠、大腦休息
- ► 手機控管：設置教室「停機坪」、「養機場」
- ► 手機時間：在課堂必要時，可提供一分鐘滑手機時間
- ► 針對不當使用手機的學生「私下」予以提醒、關心與鼓勵
- ► 多讓不當使用手機的學生有發言、表現、互動的機會

二、手機關機，大腦開機

- ► 將數位科技導向教育用途，寓教於樂
- ► 善用網路科技：用手機搜尋資料，用 PPT 報告
- ► 上網，是為了面對面溝通、分組討論、向大家報告
- ► 多安排小組討論形式課程：提供面對面溝通、討論、表達的機會
- ► 引導發展網路應用技術，鼓勵獨創性
- ► 以網路主題為辯論比賽、作文題目、活動主軸
- ► 接納數位學習（電子書包、PAGAMO、均一教育平台等），但也安排一定比例「健康上網」課程，以保護身體、心理健康
- ► 辦理成長團體、團康活動、夏令營、建教合作、工讀、實習、暑期義工等與人互動的活動

三、提升學習動機

- ► 培養學習興趣，遇到學習挑戰時不放棄，反覆練習
- ► 強化書寫能力，深化學習經驗
- ► 提供預防科技成癮相關議題的課程、座談、工作坊
- ► 提供多元化學習機會（體育、音樂、美術……），避免只重視成績
- ► 利用導生會談時間及早發覺網路成癮問題，轉介輔導或治療

PART

2

網路症狀
面面觀

Digital age

臉書憂鬱
減少網路社群依賴，重新對話

　　當你一連上臉書、Instagram、Twitter 等社群網站，看到網友展示男如金城武、女如林志玲的自拍照，不小心算出他們從頭到腳行頭名牌包加起來幾十萬，再看到他們在杜拜七星級帆船酒店的美照……你有什麼感覺？

　　他們真是「人生勝利組」啊！

　　用「魯蛇」來形容自己，根本都是對蛇的侮辱，用「腦殘」來形容，又羞辱了大腦，自己根本是「廢渣」一族！

　　但是真的是這樣嗎？

　　轉念一想：有幾個人喜歡大張旗鼓，每天在臉書上大方秀吃魯肉飯、喝礦泉水、走路上班？喜歡貼文的人，也許想在臉書上當個「一日人生勝利組」，博個自我安慰罷了！

　　即使多數人都知道網路世界虛虛實實，然而無法否認，高比例的網友幾乎是整天泡在臉書等社群媒體裡，甚至為了比較外貌、按讚數量、瞬息萬變的網路人際關係患得患失，出現憂鬱症狀。

網路心理極短篇：自拍

當我走到「御花園」，Yvonne、Cindy 和 Jessica 已經在那。

「妳們也太離譜了吧，距下課還有三十分鐘耶，就這樣蹺課坐在

這裡抽菸？」我邊說邊在包包裡摸索香菸和打火機。

「妳還不是一樣？」Yvonne 說，還瞪我一眼。她一手叼著菸，一手抓著手機，使勁伸長手臂，往自己臉上連拍三張。

Yvonne 的確有些姿色，身為同性，我看到她也不自禁心頭小鹿亂撞。她穿著白色長版毛上衣搭一條超迷你牛仔短褲，遠看卻像是象牙白連身短裙；一頭俏麗的短髮，戴假睫毛，塗上水漾光澤淡粉唇膏。我心想：天哪！妳到底是來學校上課，還是來上通告啊？

我向她解釋：「剛剛那堂『經濟學原理』無聊到爆，全班五十個人，都快期末考了也只有五個人去，而且都在滑手機。教授好像在背書，念什麼新古典學派、凱恩斯學派，我聽到霧煞煞，悶死了。妳看我剛上傳的臉書自拍照，背景就是那個教授。」

Cindy 看了照片，說：「那隻『叫獸』頭上沒毛、還發亮，喬子跟著月亮走，『借光』罷了！」

Jessica 狂笑，香菸掉到地上，拿起來要給我抽。我深吸一口，剎那間所有細胞都在「捻花微笑」。

「教授無聊就算了，同學更是無聊得要死。Cindy，來幫我拍一張！」Yvonne 邊說，邊把手機拿給 Cindy。

Yvonne 把頭側向右邊，讓長髮遮住她的右眼，嘟起嘴「啾咪」一下，再把兩手彎曲成愛心的形狀，擺在頭頂上。

「沒錯，同學看到妳就低頭，哪會聽妳講話。只有我們這群菸友，先深深地吸一口菸，接著，可以專心看朋友講上十分鐘。」Cindy 一邊幫 Yvonne 拍，一邊說。

「Vivian，妳昨天臉書PO了張跟一個男的自拍照，是妳第八任還是第九任的新男朋友？」Jessica 問。

「被妳猜中了，正港第九任。Jason，唸×大牙醫系三年級。」

我得意地說。

「哇，牙醫系的高材生。聽說牙醫系現在超夯，早已擊敗醫學系成為大家的第一志願。我看這個 Jason 方臉、臃腫又不帥，但妳這外貌協會的，**這次**可別在意，知道嗎？妳以後當牙醫生娘，就直接『上天堂』，變貴婦了！如果真的不喜歡他長相，到時候花個一兩百萬，把他送去醫美診所削骨、抽脂、整形，改成妳喜歡的夢中情人霍建華，就好啦！」Jessica 說。

「不要說那麼快。我跟 Jason 在臉書認識滿一週，交往進入第四天，昨天第一次約會，但我們每天用 LINE 聊到早上五點，超有談戀愛的 FU。」我說。

Jessica 抽著菸，露出羨慕的眼神，我注意到 Yvonne 別過頭去。

四點離開「御花園」，我看到入口原有塊木牌，上面寫著——「戒菸輔導區」——差點被嘴裡的一口菸嗆到。

坐上公車要下山，沒想到馬上遇到塞車。

窗外三月天，道路兩旁開著紫紅色的杜鵑花，山櫻花從高聳的豪宅探出頭，也是紫紅色的，就像在互別苗頭。仔細一看，蜜蜂在花朵間忙進忙出。

我想要拍一張春天風景照，把手機拿出來時，只發現臉書圖案上沒有數字提醒，更沒有簡訊，瞬間忘了本來拿手機是要拍風景的。

奇怪，今天 Jason 都已讀不回，昨天他每十五分鐘主動傳一封簡訊給我。我感到不安，點開臉書，他的對話頁面都沒有新訊息。

我想到要自拍，於是反轉相機鏡頭，連拍了十張。

照片中，我的臉蛋真的是小巧玲瓏啊！

其實，我之前是個「又肥又短」的胖妹，一張圓餅臉，被第三任男友嘲笑是「矮冬瓜配蔥油餅」，我毫不遲疑立刻跟他分手，永

久封鎖他的臉書。但是之後我幾乎崩潰了，得到憂鬱症，心裡總在想：「我長得這麼醜，活著有什麼意義？」

後來，我決定最後一搏，哀求媽媽帶我去醫美診所抽脂、整型手術。手術比預期成功，自信心逐漸回來了，很快就交到第四任男友。現在，第三任男友再看到我一定會後悔的！

現在的我，在歷經多次微整型之後，有著漂亮的雙眼皮、兩眼水汪汪、鼻子高挺、唇形性感、下巴尖尖，我那些菸友還稱讚我是混血美女呢！

原本脖子上的黑色素沉澱，打了雷射都消了，又加作酸類換膚療程。我相信，Jason 光因為我的脖子就會愛上我。

我的頭髮是美麗的大波浪卷，我身穿草綠色的緊身 T 恤，胸前是 HULLISTER 這幾個大字。

胸部是我的驕傲。我指的是，在去年做完自體脂肪隆乳手術之後。我把 T 恤往下拉了些，微露黑色雕花蕾絲，薄如蟬翼，旁邊一顆小痣安靜地躺著。我把兩隻手臂往胸部夾緊，擠出一對剛出爐的鮮奶油戚風蛋糕。

真的太唯美了！就選這張照片。

編輯照片，有超級美肌、瘦顏、Q 萌、模特、蘿莉、網紅、鵝蛋、瓜子等模式，就選超級美肌吧。果然，天使的臉蛋、魔鬼的身材，這才是我**真正**的樣子！

再來拍張 Q 萌版。我把左手枕到頭後，右眼微微瞇起來，學 Yvonne 嘟起嘴唇「啾咪」，拍十張看看。OK，就這張傳到臉書。我的啾咪加上瞇眼，將發揮「百萬伏特」的電力，Yvonne 的自拍照根本不夠看！果然，馬上收到三十個讚。

好像可以拍得更性感喔。我把左手食指貼在嘴唇上，兩手手臂把

胸部夾得更緊，果然又提升了一個罩杯，再拍十張。

這張不錯！問題是照到後座戴鴨舌帽的中年男子了，這張砍掉。

當我把二十六張自拍照都上傳到臉書，抬起頭來，窗外是市立美術館。今天塞車真嚴重，沒想到一個半小時過去了。

沒想到三年過去了。

回想念高中時，只能在公車上發呆，超無聊。上大學有了手機，在車上玩自拍，PO臉書看有多少讚，真興奮。我每天通車兩、三個小時，都在玩自拍，看按讚數量和速度。這兩年下來大概拍了幾萬張。哈！

我以前是痴肥的醜小鴨，難怪沒人愛。整形讓我有信心；臉友按讚，讓我看到自己的好；Jason迷戀我的臉蛋和身材，讓我更喜歡自己。

可是，一想到Yvonne多益考905分，又那副妖精打扮，還請攝影師幫她拍照，上傳到臉書上。我突然覺得自己好差勁、好差勁，胸口好悶……

不會菸癮又犯了吧？今天公車怎麼開這麼慢，我想下車哈菸。

心裡突然冒出一個念頭：會不會，Jason只是喜歡我的外表呢？

如果Jason只愛我的外表，卻不愛我，那我要和他交往嗎？

「咚咚！」

手機提示聲響把我喚回現實，趕緊把臉書點開來看，這次是Jason傳來的訊息：「Vivian，我們分手吧！」

我趕緊輸入：「我們彼此相愛，為什麼分手？」

「我喜歡妳的臉書自拍照，但昨天見面，妳本人很福態，哪有照片那麼瘦、那麼漂亮？差太多了嘛！難道妳是詐騙集團嗎？我想，分開對妳我都比較好。」Jason回覆。

我驚呆了，一時不知道要說什麼。

「妳真的要知道原因嗎？不知道，對妳比較好。」他再傳。

「我一定要知道！」我用力地把字傳過去。

畫面上出現「對方正在輸入文字訊息」，過了五分鐘還沒傳過來，到底是什麼呢？

「我，愛上 Yvonne 了！我愛死她的自拍照。我最喜歡她的臉型、俏麗短髮和像蛇女一樣的苗條身材，她讓我人生第一次有墜入愛河的感覺！」Jason 又傳來訊息。

「可是，妳怎麼認識她？」我趕緊傳過去。

「我和 Yvonne 都有在妳的臉書自拍照按讚，不是嗎？就這樣認識了，就醬子。」

原來，就是因為我比不上 Yvonne 那麼瘦、那麼漂亮，Jason 才會離開。本來的上天堂，突然變成下地獄！

我流下眼淚，一下子用力拔頭髮，一下子使勁摳指甲。當我重看臉書上的自拍照，愈看愈覺得自己臉還是好圓、鼻子好塌、脖子黑得要命、頭髮像雜草、胸部太小、身材好肉⋯⋯醜死了！連我自己都不滿意，難怪 Jason 不喜歡。

我好想死。我努力壓抑胸口那股海嘯般襲來的痛苦，提前下了車，用力抽了兩根菸，終於鎮定下來。

今晚，我要告別這可恨的臉書世界和 Yvonne 那虛偽的女人。

我要再去醫美診所。

張醫師的診療室

故事女主角 Vivian 十分在意外表，在臉書上呈現理想的、完美的

身體形象，害怕因爲外表不完美而不被喜歡，想把那個沒自信的自己隱藏起來。

她躲在臉書後面，戴著化妝舞會的面具跟人互動，建立的是淺層的臉友關係，而不是深層的親密關係。

「以色誘人」者，終究「色衰而愛弛」。其實過度營造完美的外表，吸引來的人也是多「外貌協會」一族，命運就是逐步邁向「色衰而愛弛」。但也不盡然是色衰的原因，像 Jason 這類「外貌協會」會員，即使女友擁有傾國傾城之色，他看過幾天就看膩了，因爲他們的座右銘是：「家花哪有野花香？」他只是一時對一個女人的外表有好感，並不愛她的心、她的人。沒有共同的喜好、相近的價值觀，話不投機半句多，當然關係很快就後繼無力了。

Vivian 最害怕的事發生了：被拋棄。她陷入憂鬱，出現自殺的念頭。遺憾的是，她依然把焦點放在外表，而不是那個自卑、缺乏安全感的自己。再一次整形治療也許能撐一陣子，但能撐多久呢？

臉書、自拍與身體形象

史丹佛大學納斯教授研究發現，青少女喜歡在臉書上呈現過瘦的身體形象。愈是在意外表、體重和身體形象的女生，愈會頻繁查看臉書檔案。當然，她們會使用手機濾鏡、修圖軟體，讓自己看起來更瘦、更漂亮，希望得到網友對外型的正向回饋，不僅用來評估友誼、自我形象，更是自我價值的依據。

英國羅德島大學貝克（Nicole Baker）等人探討女大學生使用 Instagram 與身體形象的關係，發現她們費盡心思在貼文上，只爲張貼一張最完美的自拍照（別人顯得醜更佳）、想得到最多的讚、樂於線上自我展示。然而，她們爭相模仿某個完美女性的外型、常

覺得沒有別的女生漂亮、因得到的讚數比別的女生少而難過。美國佛羅里達州立大學里格威（Jessica L. Ridgway）等人研究更發現，愈常在 Instagram 上貼自拍照，愈可能有負面戀愛結果，證實了女主角Vivian的戀愛結局！

英國希克斯（S. Hicks）等人研究發現：頻繁查看臉書，或者花較多時間看臉書的媽媽，會更擔心產後的身材問題；沒有臉書的媽媽，對於自己的身材評價比有臉書的媽媽來得正面！

這是因為孕婦常為了自己因懷孕導致身材走樣感到挫折，當她們滑臉書時，會拿自己和其他孕婦比較，總覺得其他孕婦的身材比自己好，讓她們更負面、更焦慮地看待自己的外型。

這其實反映出非常在意他人外在形象的人，可能本身就有長期不如人的自卑心，對自己沒有太多信心。研究因此建議孕婦要謹慎使用臉書，周遭親友也應多提供心理支持。

有些年輕男女，長期對臉上或身上某處感到不滿意，覺得超級醜，不斷挑剔外表的不完美，過度擔心、反覆強迫思考，到了身體臆形症（body dysmorphic disorder）的嚴重度，每天感到痛不欲生，持續身心折磨，無法上學或工作，即使做了美容醫學手術，還是覺得自己素顏很醜，出門見人必定戴口罩，或者，想像別人嘲笑自己醜陋，感到恐懼而乾脆躲在家裡。

還有些男女，明明已經過瘦，還是覺得自己太胖，因而出現節食、厭食、暴食的飲食失調行為，伴隨催吐、使用瀉劑或利尿劑、禁食、過度運動的補償行為，以避免體重增加，這些症狀其實表明身心已嚴重失調，是為厭食症（anorexia nervosa）。

許多網站或論壇鼓勵厭食或暴食，出現「勵瘦」（thinspiration），鼓勵過度瘦身，以及「支持厭食」（Pro-ANA）。這類扭

曲想法可能來自社會鼓勵年輕人自我物化，將自我評價建立在外表與體重上，特別是女性，無形中更惡化了青少年的飲食失調問題，若未及時接受醫療評估與治療，有可能搞壞身體，甚至死亡。

臉書嫉妒（Facebook envy）

女主角 Vivian 看到 Yvonne 和其他女生完美的身體形象，心裡不禁湧起一連串不舒服的感受，尤其是嫉妒。

嫉妒，意指在和他人或其他群體比較時引起的一種不愉悅，而且混合著自卑、敵意與憤怒的痛苦感受。

登入臉書等社群媒體的那一刻開始，不管我們願不願意，心裡就開始進行社交比較（social comparison），思考其他人的資訊和自己的關係，我們本能地判斷自己在社交關係中的位置，將其深植於內心，因而在演化中存活。

當我們進行「向上」比較，總覺得自己怎樣都不如「富二代」，他們含著金湯匙出生，要什麼有什麼，再如何比較都很容易感覺負面、灰暗。相反地，若我們進行「向下」比較，即使自己是「魯蛇」，但對方卻是「廢渣」啊，至少我還略勝一籌。

另一類社交比較方式，則是「同化」或「對比」。前者是我們強調跟對方類似之處，後者是我們強調跟對方相異之處。怎樣會讓我們覺得幸福呢？就是與「向上」比較的對象「同化」，與「向下」比較的對象來個「對比」。

也許，對方擁有一些我們想要的東西，有些我們永遠都得不到。然而，我們也擁有別人嚮往之處，但總是為別人擁有的東西感到嫉妒。每次登入社群媒體，就撩撥起我們的嫉妒心。

人性常往負面看，不管你願不願意、意識或沒意識到，不少研究

已經觀察到：太常進行網路上的負面比較，會帶來憂鬱症狀、較多負面情緒、較少正面情緒，以及更低的自信心。

臉書憂鬱：青少年

臉書憂鬱最早被提出來，是青少年花費大量時間在臉書這類社群媒體之後，開始出現憂鬱症典型症狀。

一位國中二年級女生出現憂鬱症狀，來就診時告訴我：「這世界上我唯一可以信任的，就是手機。」

她抱怨父母常指責她什麼都做不好，全班同學也嘲笑她很醜，其實也只是兩三位愛惡作劇的同學這麼講而已。她總是掛在臉書上，隨時查看自己的貼文是否有臉友按讚、是否有人回應。最近一位交情好的男臉友對她明顯冷淡，她隨即感到被對方拋棄，陷入憂鬱。

美國兒科醫學會歐基夫（Gwenn Schurgin O'Keeffe）醫師等人指出，青少年普遍在意與同儕保持聯繫，尋求被接納，因此愛用臉書，但時時刻刻出現的人際衝擊，反而引起部分青少年的憂鬱，加重社交孤立，有時只好轉向尋求不安全網站的協助，反而掉進物質濫用、不安全性行為、攻擊、自我傷害、自殺等陷阱。

加拿大渥太華大學公衛學院山帕莎—肯垠加（Hugues Sampasa-Kanyinga）醫師等人針對中學生研究發現，每天使用兩小時以上社群媒體（Social Networking Sites, SNS）的學生，明顯有負面情緒與精神狀態、高度心理壓力及自殺想法。

一個有意思的發現是：學生覺得負面情緒襲來，需要找人談時，卻不知道要找誰。這顯示使用社群媒體較久的學生，較少利用學校輔導諮商資源，或主動開口找親友商討，一旦身心出現狀況，容易感到社群媒體上的網友幫助有限。若能在社群媒體上真正提供心理

精神支持資源，也是求助選項之一。

　　英國倫敦大學學院流行病學教授凱力（Yvonne Kelly）等人，針對一萬零四位十四歲青少年，進行「千禧年世代研究」，發現使用社群媒體和憂鬱有關，特別是青少女。和週間每天使用一至三小時的青少年相比，使用三至五小時的青少年的憂鬱分數增加了 21%，超過五小時的男生的憂鬱分數增加了 35%，女生的憂鬱分數則增加達 50%。

　　為什麼會出現較多的憂鬱症狀呢？

　　可能因為使用社群媒體的時間愈久，就愈常在網路上被騷擾（或騷擾他人）、睡眠較差、自信心不足，以及感到身體形象不佳，特別是對體重不滿。在超過五小時的族群中，31% 對自己體重不滿，直接導致更多憂鬱症狀，或者間接因為低自信而導致憂鬱症狀。

　　在社群媒體中，青少年愈來愈在意他人怎麼看待自己，別人如何想比自己的想法更重要。人際敏感度愈來愈高，自信心卻愈來愈低，因而更容易感到憂鬱。

　　當青少年的自信心習慣性地建立在他人按讚的數量上，就好像把 101 大樓蓋在潮來潮去的淡水河床上，想當然是岌岌可危。

臉書憂鬱：成年人

　　大學生等年輕成年人也深受其害，像故事女主角 Vivian 因頻繁查看臉書而憂鬱，就好像隨時隨地都在照鏡子，想要確認自己在臉書上的身體形象是否完美？是否受到臉友一致歡迎？是否心儀對象也喜愛？

　　其實，她真正想確認的事情是：自己是不是夠好的？

　　然而，在臉書一再確認的行為，不僅沒有讓自己更有信心，反

倒更加自我懷疑，心情更沮喪，於是更想滑臉書確認，陷入「滑臉書—憂鬱—滑臉書」惡性循環，甚至非常有行動力地，採取過度的美容醫學治療。

丹麥哥本哈根大學社會系的川霍特（Morten Tromholt），以及義大利帕杜瓦大學馬里諾（Claudia Marino）博士等人針對成年人的臉書研究發現，使用臉書和心理壓力、憂鬱症狀、生活品質差、生活滿意度降低有關。刻意安排使用或不使用臉書的實驗性研究也證實：使用臉書導致情緒惡化，以及生活品質下降。

臉書上的互動，比真實生活中的人際互動頻繁太多了。因此，社交過程中被拒絕、自尊心受傷等負面經驗也變多。其實，即使在網路上被溫和地拒絕，就能引發身心痛苦。

心理學研究中，當受試者參加電腦虛擬投球遊戲被其他玩家拒絕，腦部影像發現，這種溫和的社會排斥，也能活化當事者背側前扣帶迴皮質以及前腦島，不僅代表情緒痛苦，也會引發身體痛苦。

但是，弔詭的是，即使在臉書上都得到臉友的正面回饋，卻又不意味著快樂與幸福。

加州大學舊金山分校全球公共衛生學系的沙奇亞（Holly B. Shakya）等人針對五千多人的大規模追蹤研究發現，不管是臉友數目愈多、按讚次數愈多、更新動態次數愈多，自我感受的精神健康狀態都顯示是愈來愈差。

臉書完美主義與自殺

臉書不只和憂鬱糾纏不清，也涉及自殺事件。

「我以為被隔絕在外很糟糕，但或許被封鎖在內更為不幸。媽……這條項鍊給你，奶奶與爺爺……薑汁餅乾（這總讓我想起你

們），英格麗……這本《過得還不錯的一年：我的快樂生活提案》給你。爸……Godiva 松露巧克力。我愛你們每一個人……我很抱歉。我愛你們。」

2014 年 1 月 17 日，賓州大學大一女學生麥迪森・哈勒瑞（Madison Holleran）跳樓身亡，旁邊放著一袋留給家人的禮物、一封遺書與一張兒時照片。

她的死震驚了美國社會。因爲她是個人人眼中的完美化身，年輕貌美之外，高中時田徑表現優異，順利錄取常春藤名校，是道地的「人生勝利組」。她在 Instagram 裡面始終張貼令人羨慕（以及嫉妒）的照片，都是無懈可擊的完美形象，即使透露心事，也只是多幾個表情符號。

她死後，《麥迪爲何而跑：一位典型美國青少年的私密掙扎與死亡悲劇》（What made Maddy run）這本書揭露：她上大學後，返家時常顯得悶悶不樂。她曾抱怨，學校的盛名讓她壓力很大，田徑訓練花太多時間。父母曾多次建議她轉校，但她從小課業、體育兩得意，一直追求完美，屢次拒絕轉校。

當她看到大學同儕在社群軟體上呈現更精釆的校園生活，壓力更大，甚至認爲自己是唯一的失敗者。即使曾接受心理諮商，但她努力維持完美的形象，心理醫師也難以深入她的心。

此外，她父親這方的親戚有憂鬱症病史。

紐澤西州因爲麥迪森的自殺事件，在 2017 年通過了「麥迪森・哈勒瑞自殺防治法案」，要求州內大學必須提供全天心理諮商服務，防止類似自殺事件。

就像故事女主角 Vivian，麥迪森隨時在臉書上維持完美的人際壓

力，每天二十四小時、無孔不入地滲入到她的生活中，不分上課、下課或寒暑假。完美主義的壓力，被社群媒體無限地放大了。

我可以想像，若麥迪森早生在二十年前，沒有社群媒體，應該能輕鬆擁有快樂的大學生活吧！

害怕錯過的恐懼（FOMO）

人性的弔詭是：臉書讓人壓力大，使用者卻仍忍不住隨時查看。

害怕錯過症候群（Fear of Missing Out，簡稱 FOMO），意味害怕沒跟上社群網路上的最新動態，不斷追蹤其他使用者在做什麼、有哪些貼文，擔心錯過任何訊息。就像女主角 Vivian 在社群網路上即時分享所有最新照片、訊息、最新動態。

研究發現，FOMO 程度愈高，愈可能有問題性的社交媒體使用，以及較低的生活滿意度。

雪莉・特克教授對 FOMO 的看法，則近似於臉書嫉妒。她認為社群媒體讓我們知道太多別人的生活，還包括網友的情人、配偶、孩子、離婚、度假等資訊，每天都拿自己跟他人比較，因而感到焦慮，因為知道他們過得比自己好，於是開始自我懷疑。

這也顯示，我們愈來愈在意朋友與網友的想法、看待自己的方式，以及自己是否擁有他人有的東西，以此來衡量自己的價值，像女主角 Vivian 覺得外表沒有別人漂亮，就代表自己不夠好，不會被他人所喜愛。與網路（他人）過度連結的生命態度，社會學家大衛・雷斯曼（David Riesman）稱之為「他人導向的人生」（other-directed life）。

臉友是否按讚，控制了我們的網路行為。當我貼的訊息，大家都在「按讚」，我就更喜歡貼這類大家喜歡的訊息。當我貼的訊息，

大家都沒「按讚」時，我就不再想貼這種不受歡迎的訊息了。不知不覺中，我為了得到「讚」，而改變了我的想法與行為。弔詭地，包容差異的網路輿論，追根究柢卻是朝向相同的趨勢。

當網友都知道最新訊息，你卻不知道，可能害怕網友的嘲諷，也害怕不被認為是網路社群的一份子，感到被拋棄，加強了人際關係的不安全感。網路上看似溫暖的同儕認同，骨子裡卻是殘酷的同儕壓力。

此外，網路上這麼多選擇，要做什麼好呢？愈多選擇，勢必愈難選擇，因為擔心選擇錯誤。只好花更多時間上網搜尋資料、問其他社群、問「谷歌大神」，於是變得更容易為資訊感到焦慮，當然也就排擠了在真實世界裡和親近家人或朋友的互動頻率。

臉書成癮及問題性社群媒體使用

我們把對更嚴重地依賴社群媒體，稱為「問題性社群媒體使用」（problematic SNS use），包括「臉書成癮」（Facebook addiction）。

挪威貝爾根大學臨床心理系的安德森（Cecilie Schou Andre-assen）教授編制了知名的「貝爾根臉書成癮量表」（Bergen Facebook Addiction Scale, BFAS），讀者可以看看自己是否也有臉書成癮相關症狀。

勾選	臉書成癮症狀	行為成癮病理特徵
	1.耗費許多時間思考或盤算臉書的使用	顯著性
	2.感到想用更多臉書的衝動	耐受性

3.使用臉書來忘記個人問題	情緒調節
4.如果無法使用臉書會不安或煩惱	戒斷症狀
5.使用臉書到對工作或學業產生負面影響	衝突
6.嘗試過戒臉書,卻沒有成功	復發

問題性社群媒體使用,是學界比較正式的稱呼,包括以下特徵:

➡ 偏好網路社交互動(preference for onLINE social interactions, POSI)):和面對面互動相比,覺得社群媒體互動更安全、更有效、更有自信

➡ 情緒調節:用社群媒體互動以減輕負面情緒

➡ 自我調節差:當事者無法控制社群媒體使用,即使登出也還強迫性地想著社群媒體

➡ 負面結果:產生個人或現實社交互動的問題

根據 2015 年教育部「學生網路使用情形調查報告」,採用網路遊戲障礙症研究診斷準則改編的臉書成癮問卷,發現國小、國中、高中職學生中的臉書成癮重風險族群,達到 4%、11%、10%,也就是說,在國、高中生中,每十個人就有一個人臉書成癮。兒福聯盟 2019 年「兒少使用社群軟體狀況調查報告」中,則發現:

➡ 七成二使用社群軟體的兒少自認很依賴網路,六成一兒少曾使用 3C 產品到半夜

➡ 約四成七使用社群軟體的兒少沒做隱私設定,近一成七兒少認為聊過三次的網友就不算陌生人

➡ 近七成兒少曾在社群軟體看到恐怖、血腥、暴力、色情等

不當內容

➡ 近一成五兒少曾在社群軟體被網友騷擾或攻擊，一成一兒少曾被惡意批評

兒少過度依賴社群媒體，勢必帶來 3C 成癮、隱私暴露、色情暴力、網路霸凌等風險，「樂極生悲」，這可能是孩子始料未及的。

臉書讓你上癮的詭計

玩臉書真的讓你我樂此不疲。為什麼？

因為臉書只能「按讚」，不能「按爛」！我們總是在裡面看到自己的好，這個「自我感覺良好」引起愉悅感，讓我們樂於在臉書上貼文。

相反地，Youtube 影片既能「按讚」，也能「按爛」，再優異的藝術表演、再怎麼激勵人心的演講，很有可能還是會出現幾個「爛」。上傳者感到莫名其妙之外，也不由得膽戰心驚，下次上傳影片到 Youtube，就更有壓力了，不容易像臉書玩得這麼瘋。

臉書創立者祖克柏（Mark Zuckerberg）取消「按爛」鍵，可說真正高明！

社群媒體成癮不只是失控，還和憂鬱有明顯關聯。

安德森教授等人針對成年人（平均三十六歲，範圍為十六至八十八歲），比較社群媒體成癮者與遊戲成癮者，發現和注意力不足過動症狀、強迫症症狀、焦慮及憂鬱都有關，且兩者共同危險因子包

括：年齡較輕、單身。前者的危險因子爲女性，後者的危險因子爲男性。

義大利帕杜瓦大學馬里諾等人發表於《情緒障礙期刊》（*Journal of Affective Disorders*）的大型薈萃分析（meta-analysis）發現：有問題性臉書使用（臉書成癮）的人，其心理壓力大、憂鬱程度高、焦慮度高，而且整體生活品質下降、生活滿意度差。

美國匹茲堡大學杉沙（Ariel Shensa）等人針對十九歲至三十二歲的年輕成年人研究發現，問題性的社群媒體使用會增加 9% 的憂鬱症狀發生，社群媒體使用頻率（每週連上社群媒體的次數）愈高，憂鬱症狀愈多，但每日社群媒體使用（個人使用）的總時間則無關。在社群媒體使用上，「怎樣使用」比「使用多少」，才是影響憂鬱風險的關鍵。這顯示女主角 Vivian 和她的同學們，隨時就低頭直看一下手機的行爲，和憂鬱的產生有關。若一次看臉書看個夠，看完就回到現實生活，就和憂鬱風險無關了。

過度連結

場景：六個大學生用 LINE 約好在星巴克喝咖啡，他們一坐下來，馬上都掏出手機看 LINE、回 LINE、傳 LINE，包括跟其他 LINE 群組的人約喝咖啡，一個人抬起頭想講話，發現其他五個都在低頭，於是也低下頭繼續看 LINE。即使有交談，總是片段、有一搭沒一搭，動不動就滑手機，而每個剛抬頭的人總是問：「等等，你們剛剛在說什麼，我沒聽到？」

網路本質上就是創造人際連結，但「過度連結」（Overconnected）的時候，往往會犧牲了與眼前人的互動。

社會學家雪莉·特克書中引述，手機擺在桌上，即使是關機，就

足以影響兩人互動的品質。更何況這支手機收到簡訊，一直在嗡嗡作響或突然鈴聲大作，根本打斷了互動與信任感。

她還指出，3C 讓我們在自我表現與時間上更有掌控感，可以維持某種「數位距離」，不要太近，也不要太遠，看似「金髮女孩效應」（Goldilocks principle，剛剛好的意思）。但在社群媒體上非常有效率的聯繫，反而阻止了真實人際的進一步對話，變成「金髮女孩謬誤」。

我們的「臉友」可以成千上萬，但「好友」卻趨近於零。過度連結時，我們為了互動的「量」，犧牲了互動的「質」。網路友誼常會強化彼此的不安全感。不只在朋友圈中如此，辦公室裡職員低頭查看臉友的即時訊息，卻忽略了眼前討論工作要務的同事們，危害了職場人際關係，也犧牲了公司的競爭力。

真實互動，從職場開始

適時放下手機，面對面溝通，不僅能增加工作效率、提升職場競爭力，也能創造團隊情誼，讓我們工作更愉快。你可以試試以下策略：

▶ 安排面對面會議，暫時放下數位裝置，以高效率解決問題。

▶ 開會時關機政策，要求員工把筆電和手機放在會議室門口的籃子。

▶ 公司安排社交活動，讓員工面對面互動。

▶ 老闆以身作則，示範離線專注工作。

▶ 親自跟客戶會面，花較多時間與客戶見面的律師，為事務所

> 帶進最多的業績。
> ▶ 面對面才能察覺不尋常訊息，培養信任關係，才有長期合作。
> ▶ 同事多進行面對面交談，不僅提升工作效率，還可以紓壓。
> ▶ 站立會議，可以減少簡訊與電郵，促進對話與交流。

臉書實驗

社會系學者川霍特進行了一項有趣的研究，他透過臉書徵求了一千零九十五位使用者，平均三十四歲，86% 是女性，平均擁有三百五十個臉友，每天花一個多小時在臉書上。接著，將他們隨機分為兩組，實驗組禁用臉書一週，對照組則持續之前使用臉書的方式，實驗前後皆進行線上問卷調查，包括：生活滿意度、情緒，以及臉書的使用型態。

· 臉書使用強度：從臉友數、每天看臉書時間、每日必看臉書、關掉臉書會覺得不捨等層面評估。

· 臉書嫉妒程度：接受大量社交資訊而引發社會比較心理，覺得別人見識廣、更成功、更快樂。

· 主動或被動使用臉書：主動指貼圖、更新動態、評論他人貼文，被動指多常瀏覽最新訊息、看朋友的照片、瀏覽別人的臉書頁。

結果發現：禁用臉書的這一組明顯有較高的生活滿意度、較多正向情緒，仔細區分臉書使用程度，這效應出現在中度與重度的臉書使用者，對於輕度則沒有差別。

此外，臉書嫉妒達中度到強度的人，也因禁用臉書而感到生活更滿意。被動的臉書使用者，更能從禁用臉書中獲得更好的生活滿意度。事實上，被動的臉書使用和負面情緒與想法是有關的。

在社群媒體中的社交比較，雖然可能引發不太舒服的臉書嫉妒，但研究也指出，也可能激發自我進步的動機，引發正向情緒，特別是擁有自信心的族群。

社群媒體中有相當廣泛的主題，從大自然、旅遊、藝術、食物、體育活動等，許多素材有著美學價值與想像創意，能帶來啟發，是一種動機狀態，感到能獲得更新、更好的機會，被喚起新的想法，刺激開始付出行動。

良性的嫉妒（benign envy），雖然心裡有點不悅，激發良善動機去改變自我，成長進步，能夠愈來愈接近比較的對象，是一種同化的、向上的比較。相反地，惡意的嫉妒（malicious envy），則是出現敵意動機，要把比較對象拉下來，是一種對比的、向下的比較。

不用擔心，我不是建議讀者從此關掉你的臉書，但「暫時」離開臉書七天，真的可以讓你耳目一新！

張醫師的小叮嚀：如何減少依賴網路社群，並重新對話？

▶ 讓社群媒體成為你人際關係的一部分，而不是全部；是幫友誼加分的工具，而不是逃避互動的藉口。

▶ 花在與親友真實互動的時間，建議多於與網友互動。

▶ 寧可一次看臉書看個夠，別三不五時查看臉書最新動態，能降低憂鬱風險。

▶ 禁用臉書一週：你會有更好的生活滿意度，以及正向情緒，特別是中度至重度的臉書使用者。

▶ 青少年應遵循社群媒體使用的安全指引，並限制社群媒體的使用時間。

▶ 玩「手機塔」（cell phone tower）遊戲：到餐廳用餐時，請每個人把手機交出來，堆在桌子中央，手機響起時，最先去拿手機的人，必須幫所有人買單。

▶ 珍惜面對面互動機會，減少在朋友面前滑手機，對友誼最加分。

▶ 有重要事情盡量面對面討論，少用社群媒體溝通，容易造成誤解或口出惡言，對於溝通並無正面效益。

網路人格
從過度自戀、網路霸凌，到真實暴力

當你我拿起手機滑臉書的時候，心裡在想什麼呢？

我發現自己正在「照魔鏡」，內心真正想問：「魔鏡啊，誰是世界上最漂亮的人呢？」

而這面臉書「魔鏡」就用按讚的數量、分享轉傳次數來告訴你：「主人，就是你啊！」

你我心裡三聲大笑，但不能真正笑出來，因為眼角產生魚尾紋，會顯老……

我們藉著在臉書上展示外貌與炫耀事蹟，得到更多的讚與粉絲，提高了自信，滿足了自戀需求。某種程度的自戀是健康的，但在網路上，自戀卻像青蛙的肚皮一樣，膨脹、膨脹、膨脹……

接下來會如何呢？

以下就從一個關於自戀的故事說起，談到自戀所屬的「暗黑四人格」與網路霸凌的關係，並探討網路人格和真實暴力的關係。

📱 網路心理極短篇：我的「哀鳳」

「什麼，你還在用哀鳳（iPhone）6？」

我轉過頭，看到「鼎泰豐」眼神裡的吃驚，也看到他艷紅色鏡架

上的鑲金字母——ARMANI。

他右手伸到西裝褲後面的口袋，摸出一隻特大手機，指著它說：「看到沒有？哀鳳 XS MAX 512G，借你摸。用上個月零用錢買的。」

我把頭別過去，「鼎泰豐」卻硬把那隻哀鳳塞到我的手裡，又用左手臂架住我的脖子，說：「這是蘋果—HERMES 聯合品牌手錶，看過嗎？我表哥剛從曼哈頓傳來九封 Instagram 簡訊，你幫我按一下來看。」

這時，他停頓了一下，大聲地說：「什麼？你還在戴勞力士，落伍了啦！」

我趕緊把我的哀鳳藏進書包，把戴著勞力士的右手放進抽屜，心裡只求「鼎泰豐」趕快走開。

老天爺，你怎麼把我生在這麼窮困的家？

我的手機和手錶，是今年爸媽淘汰給我的，「鼎泰豐」竟然只靠一個月的零用錢就能買？印象中要五萬多元耶！

為什麼他綽號叫「鼎泰豐」？因為他三餐都吃「鼎泰豐」，別的一概不吃。

五個同學過來圍觀，「鼎泰豐」愈講愈開心，完全沒有要走。我受不了，脫口而出：「『鼎泰豐』，你很屌是不是？那來比誰的爸媽厲害。我爸開的××精密儀器有整整兩千個員工，你勒？」

「我爸開的××科技集團有兩千零二十個員工。認輸吧！」他說，下巴高高抬起。

「好，你爸媽的學歷到哪裡？」我不死心地問。

「我爸是柏克萊大學電機博士，我媽是華盛頓大學生化博士——怎樣？」他不屑地說。

澎湃的熱血瞬間湧進心臟，我大聲地說：「我爸是哈佛大學物理博士，我媽是哈佛大學法學博士！」

「BRAVO，『寒舍』大獲全勝！」

那五個同學邊說邊鼓掌，還把我戴著勞力士錶的右手高舉起來。這次贏得漂亮，我——「寒舍」，終於可以把頭抬高。「鼎泰豐」哀傷地退回座位。

忘了說，我的綽號叫「寒舍」，因為同學都知道，每個禮拜一三五傍晚，司機都送我到寒舍××五星級酒店吃牛排西餐。我只點十五盎司安格斯黑牛頂級菲力牛排，餐後吃六顆彩鑽巧克力馬卡龍，飲料只喝可口可樂，其他對我來講都沒味道，一概不吃。

但我是一個人吃的，因為媽媽下午出門和阿姨們一起看豪宅，晚上在××貴婦百貨逛街加聚餐，爸爸最早晚上十點回家。

今天下課後，我走出「××貴族學校」，才走十五秒，就抵達家裡樓下的百貨公司，意外看到三層樓高的大型廣告。

畫面中，一個外國男人，白皙的臉上敷著臉霜般的鬍渣，穿著黑西裝，走出被白雪覆蓋的蘇黎世機場，他提著油亮的黑色公事包，上面有亮紅色字體——TISSOT。

哇！我長大以後要像他一樣，住在瑞士、在瑞士工作、成為瑞士人，講一口流利的法文，每天從日內瓦飛到蘇黎世出差。

我趕緊用哀鳳拍起來，設為背景圖片，看了好久。

當我踏進家門是五點半。奇怪，為什麼老爸已經坐在客廳？他穿著深藍色西裝，頭髮雪白像白朗峰。瞬間我懷疑：他真的是我爸嗎？還是阿公？媽媽坐旁邊，頭髮倒很黑，看起來很年輕，一副BURBERRY眼鏡在頭髮上棲息。他們神情都很嚴肅。

「過來！」老爸吆喝。

我走過去，在客廳的義大利經典手工沙發上坐下來。

「今天老師通知你媽，說你上課不專心、一直發呆、反應遲鈍，不是打瞌睡就是滑手機，五、六年級都全班最後一名，叫我們一定要帶你去看精神科醫生。你，真是讓我們丟臉丟死了！」

爸爸的臉因為生氣而皺成一團，兩隻拳頭握得紅腫。媽媽拿血壓計來幫他量，又拿了兩顆白色藥丸和一杯水給他。他吞完，繼續說：「老師知道我和你媽都是哈佛博士，結果你才小學就考最後一名，以後怎麼進哈佛？這樣，你人生不就完了？現在老師又說你有精神病！」

「老師不是說他有『精神病』，是『神經病』啦，神經系統有毛病！」媽媽向爸爸解釋。

「這怎麼可能？！」他邊搖頭邊嘆氣。

「機器壞了也是得修，大腦有病就要處理，我們明天還是帶他去看醫生吧！」媽媽耐心地說。

隔天到門診，媽媽眉頭深鎖地告訴醫生叔叔：「這孩子從三歲開始，我就覺得他注意力不集中、而且過動。後來，小一被同學從後面推了一下、小二被同學罵了一句三字經、小三的老師有一次責備他……小五……小六……造成他的心理受到『嚴重創傷』，導致考試最後一名。現在學校環境真糟糕，把我們這麼聰明的孩子弄成這樣！」

爸爸按耐不住性子，不等醫生講話就插話：「這孩子到底有沒有精神病？你知道我們多用心栽培他嗎？高薪禮聘三個補教名師來教他英文、數學、自然不說，又請三個留美音樂博士來教他鋼琴、小提琴和薩克斯風，每年寒暑假都帶他出國，每次至少三個月，去年住紐約、今年住蘇黎世，又幫他報名國際英文營、數學營、

科學營⋯⋯結果給我考全班最後一名！我在這小子身上投資了好幾百萬，至今毫無成果，我開公司的投資報酬率是幾倍，你知道嗎？！」

醫生沒說什麼，請他們出去，然後和我單獨談：「你壓力不小喔？」他問。

「沒錯，我念幼稚園小班就得到『憂鬱症』，覺得人活著好累，想要自殺。」我揉揉鼻子，帶著鼻音說。

「這麼辛苦，什麼時候你感覺快樂？」醫生問。

「我最快樂的時候，就是每年寒暑假去國外旅遊。我一定坐新加坡航空的飛機，因為他們空姐的服務是世界上最好的。我一定要商務艙右邊第六排的靠窗座位，亡，六是我的幸運數字。而且，我要在飛機上吃完六顆 GODIVA 巧克力，才有住在國外的感覺。」我說完，心情瞬間變好，卻忍不住打一個大哈欠。

「很讓人羨慕喔！那學期中呢，怎樣才會快樂？」他問。

我從書包掏出我的哀鳳，說：「它，是我最好的朋友！」

「我的同學用手機是為了玩遊戲、看動漫或韓劇，但我光是捧著心愛的哀鳳，心裡就滿足了！我小心翼翼地撫摸著它，擦拭它、親吻它，每個晚上，我都在臉書上貼瑞士名牌手錶圖片：TISSOT、TAGheuer、Bally、Patek Philippe、Titoni⋯⋯還有用手錶廣告當背景的自拍照。我看著精美的照片，看著網友們紛紛幫我按讚，幻想我是瑞士人，一位光芒萬丈的演藝巨星，所有人都仰望著我。

「每天晚上八點開始，我就捧著我的哀鳳，幻想自己在瑞士生活，一直到半夜三點，根本不想去睡，即使隔天被總管家叫起來很痛苦，我也甘願。」我激動地說。

「原來是這樣。爸媽了解你的心情嗎？」他問。

「沒有，我不敢跟他們講。我沒遺傳到他們的優秀，只有遺傳到他們的血型：AB 型。」

「想過你爲什麼想成爲瑞士人嗎？」

我搖搖頭。

醫生鼓勵我繼續想。於是，我安靜地想了三分鐘，然後告訴他：「因爲這樣，我就不用再學國語、英文、社會、自然，不用再碰到『鼎泰豐』，還有我爸媽……」

不知道後來醫生有跟爸媽說什麼嗎？

看完病，我們離開醫院。在附近的人行道，爸爸走前面，媽媽走中間，我走最後面。

我不自覺地被旁邊四層樓高的大型廣告給吸引。裡面一個外國男人，穿著白色 T 恤、牛仔短褲，躺在湖邊的草地上——應該是瑞士的琉森湖吧。他戴著一副太陽眼鏡，鏡框邊有 BALLY 這幾個英文字。 我趕緊把哀鳳抓出來，在這個令我心醉的背景前，拍了三張自拍照，上傳臉書，開始幻想我就是他。

張醫師的診療室

故事主角「寒舍」只是小學六年級男生，但穿戴名牌、浮誇言語，一如三十歲事業有成的科技新貴。

眞相是：他從幼稚園小班就自覺得到「憂鬱症」，認爲人活著好累，想過自殺。又因爲五、六年級都是全班最後一名，父母施予極大壓力。事實上，他們愛面子，勝過了愛孩子。

在沉重的壓力下，「寒舍」愛臉書提供的「豪宅」，想像成爲瑞士成年人，但他無法適應家庭與學校生活的慘烈戰場，靈魂已逐步

移民到瑞士……不，是臉書中。

自戀者的網路行為

著名的「超級短名單」（Very Short List）網站評論臉書：「為自戀傾向的人提供了完美的場所：不需要長時間盯著鏡子，他們只要整天待在線上、更新自己的頁面，就能在自己生產的燈光下取暖。」

亞洲大學心理系與成大健康照護行為醫學所的一項研究中，訪談五百六十七名大學生，發現具性格障礙學生的網路成癮比例較高，**自戀型性格障礙**的網癮者達 66.7% 為最多，其他依序為：反社會性格障礙的網癮者 62.5%，邊緣性性格障礙 52.2%。

「寒舍」屬於脆弱型自戀者（Vulnerable narcissism），看似沉醉在自我完美的幻想中，卻有著低自尊、容易感到羞恥、對他人評價過度敏感，看起來還有點可憐。

義大利佛羅倫斯大學卡薩磊（Silvia Casale）等人研究發現，相較非自戀者，脆弱型的自戀者更偏好網路人際互動、情緒調節較差、自我調節失能、容易帶來負面結果、更容易有問題性網路使用（網路成癮）。這是為什麼呢？

網路世界，特別是社群網站提供了安全的舞台，讓脆弱型自戀者享受自己的完美感，可以操控自我表現的形象，獲得廣大觀眾的欣賞，而且不用面對他人的真實評價與挑戰。

在物質條件較佳的家庭中，父母親傾向過度保護孩子，養成孩子高自尊心、自我中心、少同理心的自戀性格，但孩子的問題解決能力並沒有同時成長，形成「眼高手低」特質，若父母期待又過高，孩子容易出現自我幻想、害怕挫折、逃避壓力等自戀相關行為。

像「寒舍」在貴族學校裡，同學多受父母與家族的虛榮心影響，產生不當的炫富風氣，在人際競爭的無情轟炸下，孩子的自我受傷了，躲進網路的防空洞，那裡提供了全天二十四小時、一年三百六十五天的「自我全能」感。

臉書的自戀魔鏡

不妙的是，當「寒舍」這類脆弱型自戀者在臉書中生活得愈久，又會變得更加自戀。這是為什麼呢？

精神科醫師阿布賈烏德曾經描述，一個人上網後，整個人都會變得不一樣，出現「網路人格」（e-personality），包括像「寒舍」一樣的浮誇，認為自己是完美無缺、無限成功的。這是因為網路讓你我產生一種「線上去抑制效應」（online disinhibition effect）——你不再壓抑自己，更敢表達直覺的想法與情緒，會做出平常不敢做的事，更加突顯並喜歡自我感覺良好的一面。

然而，自己真的有那麼好嗎？

史丹佛大學心理系教授納斯研究發現，和較少上網的青少女相比，經常上網的青少女不善於辨識他人感受、也不了解自己的感受，覺得同儕不太接納她們，和朋友互動感覺差，同理心與自省能力明顯下降。

不善於辨識他人感受、缺乏同理心與自省能力等，都屬於過度自戀特質，畢竟，只想到自己、沒想到對方，容易讓朋友感到不舒服，當然就不容易結交到朋友。

充滿「按讚」的社群媒體，可能讓兒童青少年學到偏差的人生觀，自我感覺過度良好之外，以為別人都活得光彩亮麗，若自己不如人、有負面情緒或挫敗經驗，就是魯蛇，是十分糟糕的事。

加上使用手機、平板時，常心不在焉、一心多用，沒好好看著、聽著對方，很容易忽略朋友傳達的話語、情緒與言外之意，人際關係因此變差。但真實世界受挫，他們仍覺得邊和人互動、邊低頭滑手機，是很正常的。

美國聖地牙哥大學心理學系教授珍・圖溫吉（Jean M. Twenge）稱在 3C 環境中成長的新世代為自戀世代。這肇因於優渥的物質環境、過度保護的家庭教養，此外，網路社群媒體與過度崇尚英雄的遊戲也扮演了重要角色。網路不只是被我們所用的工具，在不知不覺中，它也改變了使用者，強化了過度自戀特質。

果然，研究發現，大學生階段達到自戀型人格障礙症者達四分之一。過去二十年間，大學生的同理心在標準化心理測驗中，下降達40%！

自戀者、暗黑四人格與網路霸凌

另外一種自戀者令人感到討厭，甚至有威脅感，稱為浮誇型自戀者（Grandiose narcissism），具有以下特質：

➡ 我的重要性：「朕說了算」，我講的才是話，你講的都是屁
➡ 權力幻想：大家都要聽我的
➡ 擁有特權：只要想罵誰，我當然能罵
➡ 剝削別人：言語上、行為上都想佔便宜
➡ 缺乏同理心：不願意辨識或認同別人的情感與需求
➡ 自大傲慢：抬高自己、貶低別人
➡ 妒忌別人：見不得別人好

浮誇型自戀者容易出現惡意的嫉妒（malicious envy），要把對

方拉下來，展現自我權力，容易變成網路霸凌的加害者，他們對於「用鍵盤殺人」絲毫無感。

研究發現，容易出現網路霸凌行為的，有所謂「暗黑四人格」（Dark triad personality），第一個就是前述的浮誇型自戀者，刻意展現優越感、強勢、需要特別待遇（特權），為他人帶來壓迫感，其他還包括：

➡ 狡詐（Machiavellian）：有野心、自我中心、詐騙、操弄、剝削他人以獲得個人目的

➡ 社會病態（Psychopath）：精於操弄、追求刺激，缺乏同理心、罪惡感、懊悔與焦慮感。

➡ 虐待狂（Sadism）：好羞辱他人、表現殘酷與偏差行為，刻意製造別人痛苦，以滿足權力欲而感到快樂。

狡詐、社會病態、虐待狂，就是所謂「反社會型人格」，特質包括：不遵守社會規範、追求個人樂趣、衝動、易怒、攻擊性、不在意別人安危、不負責任、合理化對他人的傷害與虐待。

土耳其學者克卡布朗（Kagan Kircaburun）等人研究發現，「暗黑四人格」有問題性社群媒體使用（problematic social media use, PSMU）情形，頻繁而過度地用社群媒體，耗費大量時間並危害到角色與人際關係，出現網路霸凌。

網路霸凌

網路霸凌（cyberbullying），指個人或群體以數位方式，反覆且持續針對無法保護自己的當事人，進行攻擊與故意行為。

霸凌本質上是權力不對等，「看對方好欺負」，因而一再攻擊對

方。你可能反覆攻擊某位網友，覺得是對方有錯在先，自己則理直氣壯，但你會去攻擊法務部長或總統嗎？通常不會，因為後者權力位階遠在自己之上，「不好惹」，因此能自我克制，不太出現霸凌「上位者」的行為。

網路霸凌型態包括：

➡ 在即時通訊軟體、社群網站、部落格上罵人
➡ 指名道姓批評別人
➡ 散播有關他人（或商家）之不實言論
➡ 合成照片或影像，貶低或詆毀他人
➡ 舉辦或參與惡意網路票選，如「班上最醜的人」
➡ 假扮受害者身份，發佈不實言論
➡ 未經同意張貼或散佈他人不雅（裸露）照片
➡ 將不雅（裸露）照片或影片，上傳至網路空間（有外洩之虞）

兒福聯盟針對校園的調查發現：近兩成孩子曾經匿名在網路上批評或罵人；四成曾經對一些批評別人的文章，按過「讚」或回覆留言；兩成三認為「人肉搜索」既有趣、又可維護正義。

芬蘭蘇蘭德（Andre Sourander）等人在《一般精神醫學彙刊》（*Archives Of General Psychiatry*）的研究顯示，網路霸凌的青少年加害者，比受害者心理症狀更嚴重。網路霸凌加害者與受害者相比，前者有更多品性問題（20.5% vs 4.7%）、過動的比例是 17.4% vs 3.4%，酒精使用問題的比例是 19.1% vs 4.8%，抽菸的比例是 12.9% vs 5.1%。

此外，較高比例的霸凌者與受害者都有憂鬱傾向與低自尊，尤其以網路霸凌加害暨受害者最嚴重，有更多人際問題、品行問題、自

殺風險。這和青少年的發展特質有關，包括：衝動控制能力不佳、情緒起伏較大、彼此人際關係不穩定、網路倫理與法律意識不足，可能逾越語言暴力界線而不自知，容易成為霸凌者。

如何協助網路霸凌者？

　　如果你是加害者，也許逞一時口舌之快而鑄下錯誤，只要能勇敢承認錯誤，就是最佳處理方法。你可以這樣做：

▶ 第一步、認錯：口頭道歉，補償對方所受傷害。

▶ 第二步、改過：拿出決心，想出對策避免再犯。

▶ 第三步、和解：展現誠意，協助幫助受傷的人。

　　如果你是網路霸凌加害者的親友、導師或輔導老師，會談與輔導策略包括詢問：

▶ 「當初事情是怎麼發生的？我想聽聽你的想法。」

▶ 「事情發生了，接下來你要面對什麼？」

▶ 「你現在的感覺如何？」

▶ 「若時間重來一次，你還會這麼做嗎？」

▶ 「你會怎麼做？」

▶ 「接下來，你想怎麼做？」

▶ 「想過道歉嗎？你想怎麼表示？」

　　輔導加害者並不容易，因為加害者常辯解或否認，輔導者可以回應：

▶ 「是什麼使你選擇不控制自己？」

▶ 「以前曾有過選擇控制自己的經驗？譬如？」

▶ 「既然事情發生了，我們一起來討論你可以改變的是什麼。」

藝人納豆曾在「失落戀花園：網路霸凌無所不在」節目中，提到一名網友在粉絲團上霸凌他，讓他不勝其擾。後來，納豆決定私下和對方用簡訊徹夜長談，先了解網友想法，再解釋自己原委，最後，對方竟然說：「我從小就喜歡看你節目，我誤會了，向你道歉！」之後，他還成為納豆的「超級親衛隊」，只要有網友在言語霸凌納豆，他就挺身而出、死忠捍衛！

　　深度的溝通，正是化解網路霸凌的良方！

黑特版與去個人化效應

　　為何兒童青少年及許多並不具備「暗黑四人格＝自戀型＋反社會型人格」的人，也可能成為網路霸凌的加害者？這就得從黑特版現象說起了。

　　黑特（hate）版又稱為恨版，最早是 1998 年 3 月 21 日在 ptt BBS站成立，立意良善，以讓網友發洩並抒解恨意為目的，允許罵髒話，曾為 ptt 第一大版。隨著臉書等新媒介出現，許多學校與單位用臉書成立黑特版。可以說哪裡有學校，哪裡就有黑特版。

　　曾有某校家長會長在全校性演講中，分享自己的勵志故事：背負了父親一億元債務，十年內將債還清，並開設全國最大醫美診所。

　　有學生在該校黑特臉書粉絲頁中，抨擊會長炫富、價值觀無限扭曲、可悲，「有錢、有一百個頭銜了不起嗎？」批評文中甚至夾雜了三字經、生殖器等不雅字眼。

　　會長認為同學此舉無異於人身攻擊，要求學校開除這位學生，並委任律師對兩名學生提出誹謗與公然侮辱告訴。

　　網友回嗆要發起罷免家長會長、抵制他的醫美診所。

經過校方協調，雙方態度軟化，學生、會長都致歉，不提告了。

一開始沒事，只是立場不同，各自表述；後來，演變成訴訟與罷免；最後，在學校的協調下，總算化解了衝突。這一連串的演變、過程，相信兩造都覺得莫名其妙。

為什麼現實中的你文質彬彬，可是上了網之後，很輕易地在爆料公社、靠北社團等網站咒罵他人？

這就是去個人化（De-individuated）效應，簡單地說，當你上網的那刻開始，不再覺得自己是某某人，你心裡想著：「今天就讓我當一次『不是人』吧！」

潘朵拉盒子打開，原始欲望如暴力言語、剝削行為、性衝動等傾巢而出，你的「網路人格」失控了！

去個人化效應的發現

美國史丹佛大學心理學教授菲利普·金巴多（Philip George Zimbardo）是研究暴力心理的專家，為了了解二次大戰期間集中營的暴力心理，在 1971 年主導史丹佛監獄實驗。他將大學生隨機分派為守衛和犯人兩組，並模擬監獄環境。學生的名字都變成一個數字代號，如 0017 號，要大家認真扮演好各自角色。

守衛和犯人之間的矛盾與衝突日益增加，到了實驗第六天，扮演守衛者已經變得殘暴不仁；扮演犯人的情緒幾近崩潰。為期兩週的實驗提前結束。電影《叛獄風雲》（The experiment）還原了這個令眾人驚愕不已的實驗過程。

一套相同的制服、一個全新的身分，就能讓一個單純的人性格

大變。角色與權力誘發了人心深處的虐待欲，暴行無法控制。金巴多分析：去個人化效應，是「好人」之所以變成「壞人」的關鍵，會在特定的情境下產生，其特徵是：**匿名性、責任感降低、群眾效應、時間感扭曲、感覺負荷超載。**

金巴多的監獄實驗，精準地預言了網路的特性。

首先，在網路上互動，你看不到對方，視覺上是**匿名的**，也常以匿名的身份 ID 發表言論，別人完全不知道你是誰，讓你更敢表達攻擊欲。

其次，在網路上發表激烈言論時，隔著一層螢幕，你覺得很安全。這跟跑到警察局前面咆哮，是完全不同的，發表言論的**責任感降低了**。

黑特版網友提供了社會支持，鼓勵當事者表達「黑特」。你的言論變得不像自己，而是「黑特」的群體意志，**群眾效應**取代了你。

即時互動的壓力與二十四小時無休的回應時間，**時間感扭曲**了，完全沉浸在討論中，激化了情緒。

洗版、超量訊息的閱讀與回應，**感覺負荷超載**，你沒有清醒頭腦可以獨立思考。

最後，產生了去個人化效應，史丹佛監獄情境再現，個人意識減弱、自我控制降低，產生了言語暴力。

青少年過去不曾霸凌過別人，在網路上更容易被去個人化效應所綁架，自我控制力下降，唯我獨尊、肆無忌憚、酸言辣語、喪失同理心，在網路上霸凌別人，對方是否受傷，他看不到、不認為、也不在意。

網路霸凌是人性照妖鏡

還有哪些因素讓我們在社群媒體口出惡言，用言語霸凌別人？

第一個原因，是出氣筒心理。也許我們白天才被老闆海 K 一頓，心裡有氣，又看到網路上一個欠罵的人，就成了我們負面情緒的代罪羔羊。

第二個原因，藉貶低對方是壞的，覺得自己是好的，拉抬了自信，印證攻擊是最好的防守。通常脆弱型或浮誇型自戀人格者，見不得別人好，容易嫉妒，喜歡在名人粉絲頁上貶低對方以提升自己。

第三個原因，劈腿等感情事件，特別容易激起你我化身為「正義魔人」，攻擊那些「姦夫淫婦」。為什麼呢？

如果你曾經被人劈腿，心理受過傷，你會憤恨地譴責他們：「怎麼可以做這種事？！」

如果你曾經劈腿，有點良心不安，你會想罵：「怎麼可以做這種事？！」

如果你想劈腿卻不敢，看到別人做出我做不出來的事，在酸葡萄心理下也會罵：「怎麼可以做這種事？！」

在任何狀況下，你都有可能去譴責對方，但如同聖經所說：「你們當中誰沒有罪的，可以先拿石頭丟她。」

網路霸凌，真的是我們內心深處的一面照妖鏡！

愜意的麻痺

光是進入網路空間就能誘使人出現語言暴力，再加上媒體暴力內容，對人有何影響呢？

美國密西根大學社會研究中心布希曼（Brad J. Bushman）等

人，邀請三百多名大學生參與研究，隨機分配玩暴力電玩或非暴力電玩，二十分鐘後，填寫漫長問卷。研究人員故意在電玩結束後三分鐘，在受試者所在的房間門外播放錄音帶，內容是兩個人正在吵架，結果愈演愈烈，甚至出現摔椅子、痛苦呻吟的聲音。此時，研究人員按下碼錶，測量受試者需要多久時間，才會出來幫忙在門外痛苦呻吟的人。

結果顯示，玩非暴力電玩的受試者平均花 16.2 秒伸出援手，玩暴力電玩者卻花了 73.3 秒，是 4.5 倍的時間！甚至有幾名暴力電玩的受試者完全沒動作。

只是玩一場二十分鐘的暴力電玩，才剛結束三分鐘，就出現同理心急速消失、對暴力麻木、喪失協助他人動機的效應，研究者稱之為「愜意的麻痺」（Comfortably numb），這正是前述「暗黑四人格＝自戀型＋反社會型人格」的特徵！

社群網路表演與極端暴力

2019 年 3 月 15 日，紐西蘭基督城清真寺發生大屠殺慘案，震驚全球。一名二十八歲槍手發表白人至上宣言後，頭戴運動攝影機在臉書進行「槍擊直播」。在整段十七分鐘左右的影片中，他攜帶多把長槍到兩座清真寺瘋狂射殺，造成五十人喪生，至少二十多人受重傷。

兇手透過臉書直播部分屠殺畫面，駕車駛離現場時還對觀眾笑說：「至少用掉 4 個彈匣，根本沒時間瞄準，有太多目標了。」

事前他高度推崇某位暴力電玩的網紅，而這次他藉由慘絕人寰

的屠殺活動，試著成為另一個暴力網紅。相當可能地，當愈多人觀看，他就愈暴力，把極端暴力當成個人表演節目，從炫耀中取得更大的快感。臉書發現後立即刪除，卻也發現該影片早已被分享了 150 萬次，所衍生「愜意的麻痺」、模仿行為、後續報復的極端想法，後果難以逆料。

暴力電玩、媒體暴力與真實暴力

在校園生活中，兒童青少年暴力可說是家常便飯。學界也早已了解：真實暴力的出現，是多重因素所造成。但當兒童青少年常接受暴力電玩及媒體暴力內容的薰陶，和真實暴力有關係嗎？

2019年美國俄亥俄州立大學賈斯汀·張（Justin H. Chang）與布希曼進行實驗性研究，讓八至十二歲的國小孩童兩兩一組玩同一款電玩，但隨機分配去玩（或看）以下三種版本之一：暴力且有槍，暴力且有劍，非暴力。二十分鐘後，讓他們去另外一個房間，可以玩玩具或電玩二十分鐘，房間的櫃子裡有兩把特製的玩具槍，可以計算擊發次數。

和非暴力電玩組相比，剛玩完暴力電玩的孩童用玩具槍對自己或別人開槍的機會明顯增加，若平常就有接觸暴力電玩或影片，開槍機會增加88%，若平常就有攻擊傾向，開槍機會增加達 26 倍！

由此可見玩暴力電玩會立即增加孩童攻擊性，特別是對平常就有接觸暴力電玩或影片，或者平常就有攻擊傾向的孩童。因此，要預防孩子未來有將暴力視為合理手段的心態和認知，就必須嚴格禁止孩子接觸暴力電玩遊戲。英國伯明罕大學心理學院布朗（Kevin D Browne）等人在醫學期刊《刺絡針》（*The Lancet*）的整合研究

指出，電玩、影片或電視中的暴力影像，明確增加孩童的暴力或恐懼行為，抱括暴力態度、反社會行為、焦慮、恐懼、麻木，特別是男孩。

新墨西哥州州立大學醫學院的維克多・史塔斯伯格（Victor C. Strasburger）醫師與愛荷華州立大學克雷格・安得森（Craig A. Anderson）博士等人分別回顧六十年來、超過兩千篇媒體暴力相關研究顯示，接觸媒體暴力，明確增加兒童青少年的攻擊行為風險，讓他們增加暴力想法、憤怒感、生理過度警覺、敵意想法、對暴力麻木，讓他們認為這世界是更卑鄙而可怕的，而暴力是解決衝突的合理手段。

同時，媒體暴力減少了利他行為與同理心，孩子變得更加自我中心、失去覺察他人感受的能力，為真實暴力的出現鋪好了路。醫學證據支持：媒體暴力正是導致真實暴力的危險因子。

沒錯，許多資優生打電動也打得兇，仍能保持好成績與好品行，這屬於**部分**兒童青少年的狀況。然而**另一部分**的兒童青少年卻出現了攻擊與偏差行為，如果他們又頻繁接觸媒體暴力，父母不能等閒視之，必須趕緊介入了。

許多父母開始發聲之際，孩子就威脅恐嚇，導致父母心生猶豫，錯失最佳時機，之後也不尋求協助，坐視孩子繼續沉迷暴力電玩。

事實上，媒體暴力比父母想像得更普遍，史塔斯伯格醫師等人指出，即使是十三歲以下可以觀賞的保護級（PG-13）影片，九成都包含暴力情節。即使是新聞報導炸彈攻擊、自然災難、謀殺、其他暴力犯罪，都有可能傷害兒少心理，因而增加暴力。

克里斯塔基斯醫師等人發現，兩歲到五歲之間的男童，觀看含暴力內容的電視節目，到了七歲至十歲時，出現反社會行為是一般男

童的 2.2 倍，包括：欺騙、欺負他人、不悔過、破壞性、不服從學校、和老師衝突等問題。女孩則無此現象，觀看教育節目或非暴力休閒節目，也不具此關聯性。

這裡所謂含暴力內容的電視節目，像知名影集「星際大戰」（Star wars）、「蜘蛛人」（Spider man）與多種卡通都包含在內，含有敵意言語、威脅行為與卡通暴力和實際暴力都是。

曾有家長向我抱怨：「為什麼孩子會在學校霸凌別人？我們夫妻相處和睦，從小沒有體罰過他，他在家也只愛看卡通而已，沒接觸什麼暴力電影啊！」因為，卡通中出現的暴力比大人想像的多太多；而媒體暴力對身心負面影響也被嚴重低估了。

史塔斯伯格醫師等人指出：暴力行為與接觸媒體暴力的相關性往往被低估。一項研究比較：接觸石棉和得到喉癌的相關性為 0.09，學生寫家庭作業和取得好成績的相關性為 0.10，補充鈣與骨質增加的相關性為 0.11，使用尼古丁貼片與戒菸成功的相關性為 0.14，皆為低度相關性。然而，媒體暴力與攻擊的相關性卻達到 0.31，為中度相關性，和抽菸與得到肺癌的相關性 0.39 接近，可說罪證明確。

此外，愛荷華州立大學心理系簡泰爾等人針對新加坡國小三、四年級與國中七、八年級的追蹤研究發現，暴力電玩會透過改變暴力認知來影響暴力行為的發生，無論男女。暴力電玩影響國小生的暴力認知，比國中生更明顯。家長有無介入、過去有無暴力行為，並不影響暴力電玩產生暴力行為，顯見單純接觸暴力電玩就有其危險性，推翻了過去「暴力電玩只影響有攻擊傾向者」的迷思！

父母帶著有暴力行為的孩子求診時，希望醫生和孩子「深入談心」，找出他內心深處某個「百年難得一見」的「心結」，然後耐心解開。殊不知這個「心結」也很簡單，那就是孩子從小到大每天

玩不停的暴力電玩、看不歇的網路暴力影片！「寒舍」的故事僅是
兒童青少年的過度自戀，但自戀的另一端「暗黑四人格」，可能因
沉迷網路活動而強化，連結到日益普遍的網路霸凌與真實暴力，人
性之惡將如野火燎原，是家長、師長與社會必須嚴正關切的議題。

從過度自戀、暗黑四人格、網路霸凌，到真實暴力

- ▶ 父母適度稱讚孩子，滿足其自戀需求，勿過度貶抑
- ▶ 父母與孩子共同面對挫折，用接納取代譴責，鼓勵孩子向父母說出心事
- ▶ 兒童青少年與大人皆應培養網路禮儀，發揮同理心，不出現網路霸凌
- ▶ 若出現網路霸凌，應向受害者道歉、補償、和解
- ▶ 父母應該在孩子接觸 3C 產品之前先過濾內容，確認呈現的分級標示是否合適
- ▶ 若孩子出現真實暴力，應嚴格限制接觸暴力電玩，以及媒體暴力
- ▶ 若孩子對父母威脅恐嚇，父母應堅定立場，以柔和語氣溝通，並通知學校介入輔導
- ▶ 若孩子出現語言或肢體暴力，經提醒無法制止，父母應保護自身安全為先，聯絡警消協助強制就醫，必要時應聯繫家暴專線 113

網路霸凌
如何幫助網路霸凌受害者

兒童青少年以爲使用匿名身份在網路社群媒體中「說眞話」，更可以任意發洩愛恨情仇，因爲網路似乎是世界上最安全、自由又隱密的地方。

遺憾的是，這是非常危險的錯覺。

網路裡的人際互動，實質上，就是面對面的眞實互動。但在網路上，缺乏完整的社交線索，我們的防備心、同理心都下降，十分容易逾越界線，形成網路霸凌，造成對方嚴重身心傷害，自己還不知道鑄下滔天大錯，「沒感覺」，卻已誤觸法網。

同樣的原因，兒童青少年也容易成爲網路霸凌的受害者。

以下故事將描述網路霸凌的形成與代價，後文也將介紹網路霸凌受害者應如何面對？親友如何協助？專業人員的輔導原則又是什麼？

網路心理極短篇：閨蜜

「奇怪，那一片森林竟然長在水底。」

「Barbie，妳是第一次來喔，都國一了，連這個都不知道，這叫做紅樹林，水筆仔啊！」

小 Co 抬起頭大笑。她的手機掉到草坪上，輕輕地彈了一下，手

機護套長得像魔術靈的藍色噴頭，很大一支，在西門町買的，上面還在播韓劇「來自星星的你」。

她瞇眼看我，拍一下我的頭，像在嘲笑我。我心裡想：真的嗎？紅樹林不應該是紅色的嗎？怎麼會是綠色？

不知怎麼，我也開始笑，笑得比她更大聲。

哈！哈！哈！我真的什麼都沒在怕的，這是真的！

下午四點，太陽還很大，這世界也好大。我們在海棗樹下連續笑了三分鐘，直到小 Co 嘴裡射出的強光閃到我，我才停下來。

「妳的舌環跟 LED 燈一樣，也太亮了。」

「知道炫了吧。咦，妳的舌環咧，怎麼不見了？」小 Co 不解。

「前天半夜的事。小豬，我上禮拜用LINE『搖一搖』認識的網友，念附近高中二年級，我跟他 LINE 了兩天，就深愛對方，決定交往。

「昨天約出來見面，他載我到大佳河濱公園約會，主動和我舌吻，說愛死我的舌環。

「半夜一點，他騎機車載我回家，沒想到我媽不只沒睡，還躲在陽台曬的被單後面，看到我被男生載回來，氣得吼我，還用衣架 K 我！

「我一邊哭，一邊嗆她，結果她看到我的舌環，兩隻手把我的嘴巴扯開，硬把它給拆了。我的舌頭到現在還好痛！」

說著我發現自己眼眶濕了。

「妳媽這樣欺負妳，為什麼還要回家？妳就搬來跟我一起住，住我男朋友 Mike 幫我租的房間。」

「謝謝妳這麼關心我，我家根本是監獄，我媽就是典獄長，我超恨她！」我的眼淚流下臉頰。

接著，我們沒有講話。過了很久，小 Co 突然問：「那妳爸對妳怎樣？」

我的心突然覺得很酸……不過，我堅定地說：「也不好！」

「妳給我看過妳爸的照片，又黃又瘦，很虛弱，他能對妳怎麼不好？」

「我媽每次都用我爸得肝癌來壓我，說他就是被我氣出病來的！

「我爸沒像我媽那麼『恰』，但老是叫我念書，超煩的。上禮拜他又在念說沒念書以後就沒有工作，就沒飯吃。

「怎會沒飯吃？我賭氣跟他說：『我可以賣啊！』他很生氣地說：『妳要賣，就去賣啊！妳不愛惜自己。我對妳很失望，以後我也……沒辦法管妳了。』」

小 Co 睜大眼睛聽我講，我發現自己的聲音有些抖動，不知她有沒注意到。

「小 Co，妳真的對我好好，全世界都欺負我，沒有人像妳對我這麼好。」我哭著說。

小 Co 看到我哭，還掏出面紙，細心地幫我擦眼淚，說：「我一定會對妳好的。那，妳也會對我好嗎？」

「那當然。」

「那我們來交換臉書。」

「交換臉書？聽起來好好玩，就像以前的人交換日記本一樣嗎？」

「對啊，只有最好的朋友才能這樣喔。我跟妳講帳號密碼，妳跟我講你的，現在就來玩。」

我們玩到附近國中生都放學了，肚子也餓了。排隊買了兩杯紅茶冰，才一起坐公車回市區。今天，我們照樣沒去學校。

過了幾天，我難得去了一次學校。

結果，兩個警察擋在教室門口，跟班導講了幾句，把我帶去派出所。

比較高的那個警察看起來很兇，拿出一張電腦截圖給我看。

是一個女生 Joan 的臉書，我不認識；下面的PO文是我剛穿好舌環的自拍照，像七爺八爺吐出長長的舌頭，大方秀舌環，再閉上右眼，比個 YA，「卡娃伊ㄋㄟ」，這是我的帳號沒錯！下面接了一串話：

你是全天下最賤的女人，左臉欠巴，右臉欠踹，嘴巴長痔瘡，和十個學長亂搞，又騙好朋友的男朋友上床，是人渣界的極品……

我嚇了一跳，這不是我寫的呀！

比較胖的那位警察說：「Joan 的媽媽是律師，她說 Joan 因為你的網路霸凌，變了一個人，縮在房間裡整天哭泣不講話，說要自殺，醫生說她得了憂鬱症。妳這下倒大楣了！家長要告妳『公然侮辱罪』、支付所有醫療費用及天價精神賠償……妳知道是什麼意思吧？」

「什麼搞你『公仔五入』？我連這個女生都不認識，怎麼可能玩她的公仔？」

「我是說，妳在臉書上罵她，人家要告妳，讓妳去坐牢啦！」

聽到坐牢，我不禁放聲大哭。真的嗎？這下怎麼辦？

突然我想到會不會是 小 Co 寫的？

我藉口上廁所，趕緊打手機給她。當她知道我在派出所時也嚇一大跳。

原來，小 Co 常偷偷登入男友 Mike 的臉書，發現他跟這個 Joan

傳的訊息超曖昧，便懷疑 Joan 在搶她男朋友！

小 Co 氣炸了，決定給她一點顏色，但是又膽小，怕對方知道是她，擔心男朋友知道後會更生氣，所以用我的帳號在臉書PO文。

「這下怎麼辦？我好害怕！」

「你千萬不要怕，最重要的是，妳絕對不能把我講出來，要不然我就死定了！『我們』是最麻吉的朋友，是吧！」

「妳不覺得 Joan 這隻狐狸精真的很可惡嗎？她活該被『我們』罵！」

「我一定會挺『妳』的，所有的大人都只會欺負『妳』……。」

「對，沒錯！」不知哪來的聲音，卻是我喉嚨發出的。

掛斷手機，我回到警察面前。這時，爸媽也到了。媽媽指著圖劈頭就問：「這些齷齪下流的鬼東西真的是妳寫的？」

「對啊，是我寫的，但是那個女生的錯！」

她一巴掌打在我左臉上，我壓住發燙的臉頰，內心急凍。我決定這輩子，不再跟我媽講第二句話。

警察說檢察官已經在調查，之後我和父母得上法庭接受判決。

往停車場的路上，我媽五根指甲掐進我的手臂，我的皮要破了。她把車門甩上，我爸把我安全帶一扣，我好像被直接移送監獄。

一個月後開庭，法官說我還不滿十二歲，沒有行為能力，接受「保護處分」，PO文向對方抱歉，之後由家長代管。

一樣是這片紅樹林，今天的河水退得好遠。一根根水筆仔插在爛泥巴上，小螃蟹背著保特瓶蓋像螞蟻鑽上鑽下，光看到，身體就好像被爬過，我打了個寒顫。

小 Co 和我肩併著肩，坐在「××嘴」咖啡廳裡，低頭玩手機遊戲。座位旁放著我們的書包，今天一大早出門就來。

「河底原來都是爛泥巴和垃圾！」我說。

「是啊。對了，上次多虧妳，我沒事，倒是害妳被爸媽『代管』，不能穿舌環，不能用智慧型手機，不能跟朋友見面……妳今天是怎麼過來的？」

「我跟爸媽說我去上學了。出門後，我傳簡訊給老師，寫爸爸病情很嚴重，在加護病房，醫院發病危通知書，我和媽媽要過去。」

「這樣他們也相信？」

「因為輔導室有個老師，人不錯，只是有點笨，叫他們都要相信我啊！」

「哈哈，我們真是天才又麻吉，人家叫『閨蜜』對吧？」她笑著，又說：「對了，來，我聞一下。」

她聞了聞我的脖子。

「還真的咧！擦哪一牌的香水？聞起來超甜 D-E-R……」

張醫師的診療室

故事女主角的「閨蜜」小 Co，借用女主角 Barbie 的帳號，在小 Co 情敵 Joan 的臉書上進行言語攻擊，Joan 的律師媽媽認定為網路霸凌，提告 Barbie「公然侮辱罪」，她年紀小小就要面對法律責任。

「閨蜜」小 Co 是真正的網路霸凌者，濫用 Barbie 對她的情感依賴，利用她為自己扛罪，逃避了自己的法律責任，更沒有改善不當的感情處理方式。

故事呈現了女生間複雜的友誼。女生更重視同儕認同、心理上

更親密，以獲得支持、資源、自信心，卻也容易依賴、較難獨立，Barbie 因此被朋友小 Co 給利用了。

網路霸凌受害的盛行率

上一章介紹網路霸凌，指個人或群體以數位方式，反覆且持續針對無法保護自己的當事人，進行攻擊與故意行為。

網路霸凌的受害盛行率在 10% 到 40% 之間。

兒福聯盟在 2016 年針對國小五年級至高中三年級學生調查發現：七成六曾有親身經歷或目睹網路霸凌經驗，七成四覺得網路霸凌嚴重，只有四成三受害者尋求協助。

在前述 2019 年「兒少使用社群軟體狀況調查報告」中也發現：七成二使用社群軟體的兒少自認很依賴網路，近一成五兒少曾在社群軟體被網友騷擾或攻擊，一成一兒少曾遭惡意批評。

此外，超過一半網路霸凌來自同儕或朋友。來自同儕或朋友的網路霸凌，有針對性，有更靠近的威脅性，對受害者的負面評論更可能被當真，但為了怕傷害關係，帶來不利後果，被霸凌者要表達不舒服、要求對方道歉等，較不容易。

在故事中，女學生 Joan 是網路霸凌的受害者，這並非偶然，女學生向來是很容易受到網路霸凌的族群。

麥西亞斯（Erick Messias）等人分析美國疾病管制署針對一萬五千名高中生的調查發現，相對於男學生，女學生更容易報告被霸凌（31% vs 23%），尤其是網路霸凌（22% vs 11%）。和女學生相比，男學生則更容易報告遭受校園霸凌（12% vs 9%），而非網路霸凌。

遭受網路霸凌的身心症狀

故事中受到網路霸凌的Joan，出現沉默、哭泣、憂鬱、自殺意念等身心症狀。加拿大麥基爾大學艾爾加（Frank J. Elgar）等人針對一萬八千八百三十四名來自美國中西部某州、十二至十八歲的青少年研究發現，18.6% 遭受網路霸凌；被網路霸凌的頻率愈高，三大類十一種精神症狀愈嚴重，包括：

- 「內化」（internalizing）症狀：焦慮、憂鬱、自傷、自殺意念、自殺行為。
- 「外化」（externalizing）症狀：鬥毆、破壞物品。
- 物質使用症狀：頻繁飲酒、頻繁酗酒、處方藥濫用、成藥濫用。

和未曾被網路霸凌的青少年相比，以上精神症狀發作的機會高達 2.6 到 4.5 倍。

史丹佛大學精神科醫師阿布賈烏德等人則發現，兒童青少年受到網路霸凌後，有 62% 會產生情感麻木（alexithymia），容易壓抑自己的負面感覺，總是說「還好」或「不知道」，可能出現行為改變如：表情變了、不講話了，甚至不上網了。其他身心症狀還包括：情緒困擾、恐懼感、憂鬱、失眠、身體症狀（如頭痛）、腹痛、逃避、吸菸、物質濫用等。

網路霸凌的精神症狀也有性別差異：女性易成為受害者，逐漸增加「外化」症狀（品行問題、過動、偏差行為）。男性易成為加害者，逐漸減少「內化」症狀（悲傷、焦慮）。

網路霸凌與自殺

美國密蘇里州一位患有注意力缺失症、憂鬱症的女孩梅根・梅

爾（Megan Meier），為肥胖的自己感到自卑。十三歲的她在社交網路 MySpace 收到十六歲自稱為喬許・伊文斯（Josh Evans）的簡訊，自此成為網友，卻從未見過面。

有天，喬許傳來負面言語：「我不知道要不要再跟妳交朋友，因為我聽說妳對朋友不好。」又對她說：「這裡每個人都知道妳的真面目，妳是個壞蛋，大家都討厭妳。祝妳有個屎般的未來，這世界沒有妳會更好！」

梅根回應：「你是那種讓女生想自殺的男生。」她衝上樓時，撞到父親，才透露自己被網路霸凌，父母親到廚房邊做晚餐、邊討論對策，二十分鐘後，母親突然覺得不對勁，衝上樓去卻發現梅根上吊，已身亡。

經過司法調查，真相大白：喬許・伊文斯是個假帳號，由梅根的鄰居兼前好友莎拉（Sarah）、她的媽媽蘿莉（Lori Drew）及一名員工共同操作，目的就是要蒐集她的話語，進一步羞辱她，報復梅根散佈關於莎拉的八卦。

悲劇性的「梅爾案」加速了美國的反霸凌法律立法。至今美國五十個州全數立有反霸凌法律，涵括學校對電子形式的霸凌事件負管理責任，霸凌犯罪者處以罰款或入獄服刑，二十二州通過反網路霸凌法律。以西維吉尼亞州為例，反網路霸凌修正法案於 2018 年 3 月 29 日生效：

一個人故意或有意地利用電腦或電腦網路從事騷擾、恐嚇或霸凌未成年人之行為是違法的......任何人違反本節規定將會構成輕罪，將被判處不超過五百美元之罰金或處以不超過一年之有期徒刑，或兩者同時判處。

英國、加拿大、澳洲、菲律賓也通過反網路霸凌、散播不雅照、色情報復等法律。

荷蘭萊登大學凡‧捷爾（Mitch van Geel）等人刊登於《美國醫學會期刊：兒科學》的大型統合分析顯示：比起一般同學，受到同儕霸凌者，有 2.23 倍機會出現自殺意念，2.55 倍機會出現自殺企圖。進一步分析顯示：比起遭受傳統霸凌，受到網路霸凌的兒童青少年更容易出現自殺意念！

因此，故事中出現自殺意念的Joan，父母和師長都必須高度關懷，並盡力協助她。

上述美國疾病管制署的研究也發現：遭受霸凌而出現兩週以上悲傷（憂鬱）與自殺意念與行為者，以雙重霸凌最多，其次是只有網路霸凌，再其次是只有校園霸凌。與未遭受霸凌者（4.6%）相比，出現自殺舉動的危險性為 5.6 倍（21.1%）、3.5 倍（14.7%）、2.3 倍（9.5%）。

雙重霸凌，真的教人無處可逃。

心地好一點，霸凌少一點

2015 年 4 月 23 日《蘋果日報》報導，「新宅男女神」楊又穎在台中住處自殺身亡。遺書中提到網路酸民罵她「很愛假掰，偽善又天真」、「搶人男友，心機重」、「拿了廠商的錢不PO文」等。

粉絲上臉書表達對她輕生的不捨，認為「根本是鍵盤殺人」！她在當月初曾與網友私訊對話，提及「被冤枉、很想自殺」。對

方詢問是否因為「靠北部落客」？她回覆：「對啊！已經低落好久，真的不想活了。」

大她十二歲的哥哥彭仁鐸化悲憤為力量，將她的粉絲頁更名為「心地好一點，霸凌少一點」（網址參見附錄三），打造「霸凌防治線上工具」，兩年內協助了三百位網友。

家人與親友務必積極關懷受害者，任何時間都是預防自殺行為的黃金時機！

網路霸凌比傳統霸凌更嚴重

由此觀之，網路霸凌造成的心理創傷，比傳統霸凌要大得多。為什麼呢？

➡ 霸凌可以發生無限次，只要受害者一開啟網路或手機。

➡ 霸凌的訊息就像病毒在網路無限制地擴散，讓當事者感到：「全世界的人都知道這件事了！」羞辱不斷加強且永遠存在。

➡ 受害者可能不知道加害者是誰、為什麼針對自己，受到草木皆兵的恐懼折磨，每天身心高度警覺。

➡ 霸凌者見不到受害者的身心痛苦，不知道傷害的嚴重程度，也不覺得需要負責任，持續網路虐待行為。

➡ 家長在孩子遭受網路霸凌時，忽略孩子的情緒反應、譴責孩子不對、缺乏積極作為，導致加害者認為不會怎麼樣，變本加厲。

網路霸凌有種「梟首示眾」效應，不只在大眾面前傷害對方名

譽，更加上精神虐待，刺激當事者自覺羞恥、自責、被大家拋棄的負面心理。痛苦隨著受害者每次上網，像雪球愈滾愈大。

兒童青少年可能成為網路霸凌的受害者，就像故事中網友 Joan，只是因為和小 Co 的男友較多互動，就成為被霸凌的對象。

青少年探索自我認同、同儕認同，容易依賴社群網路，有可能因為過度在意網友負面言論，更容易感到受到霸凌。愈依賴社群軟體，可能被網路霸凌的機會愈高，現實中的朋友愈少，心理受傷程度也愈重。

為何網路霸凌讓當事者受重傷

如果反覆因網路霸凌受傷，可能與人格特質有關，特別是以下兩類：

▶ 一是依賴型人格者：沒有別人建議就無法生活、害怕失去支持而難以對他人表達不同意、為了獲得他人支持而勉強自己、害怕不被照顧。可能因為過度依賴網路社群，而弱化自己獨立處理現實問題的能力與勇氣，對於網路上的人際傷害更加在意。

▶ 一是邊緣型人格者：容易受他人影響而出現負面自我認同、害怕被拋棄，會因為「過度連結」，而感受更多人際關係摩擦，並因受限的網路溝通型態，感覺遭受更多傷害。

因應網路霸凌的 4S 策略

如果你是網路霸凌的受害者，我建議你採用 4S 策略歸納面對網

路霸凌：

→ Stop（停止）：冷靜下來，別回應網路霸凌者

→ Save（存檔）：截圖，留存對方進行網路霸凌的犯罪證據

→ Sweep（掃除）：把對方從自己的社群軟體中刪除，自己
也暫時離開網路

→ Say（告知）：告訴可以信賴的人，尋求支援

輔導網路霸凌受害者：「四件該做的事」

如果你是網路霸凌受害者的親友、導師或輔導老師，輔導過程有
四件該做的事：

**第一件事：「我聽到你所說的，我會陪伴你，你並不孤單，說給
我聽吧！」**

訴說，即療癒。

鼓勵當事者勇敢說出來，避免恐懼與孤立。可以和學校行政人
員、信賴的老師、心理師或精神科醫師來討論。

當孩子不敢把遭遇霸凌的經歷跟父母或老師說、害怕說出來的
不利後果，或者不信任大人時，可以參考「網路成癮與霸凌求助資
源」（附錄二），透過電話或線上討論，會更清楚、更有勇氣做出
自我保護的行動。

第二件事：「這不是你的錯。」

臺灣網路成癮防治學會創會理事長、亞洲大學副校長柯慧貞說，
許多大學生因受到網路霸凌而求助，在各種「靠北」社團中，一個

人「發難」攻擊後，引起「鄉民」圍剿。她鼓勵受害者這麼思考：「別用別人的錯懲罰自己。」

罪惡感很容易連結到憂鬱情緒、自殺意念與想法，因此，簡單地解釋「錯不在你」，並反覆提醒這點（再保證），協助當事者減輕事件中的自我責備，是預防憂鬱與自殺的關鍵。

第三件事：「你還可以做些什麼？」

不少人受到傷害以後，一邊掉淚、一直觀看霸凌訊息，讓心傷更重。鼓勵自己勇敢暫時離開傷心地（社群網站），「自我保護」是當下最重要的事。

先確認是否照著 4S 策略來因應，接著，照顧好自己。前述受到霸凌之後的身心症狀，包括：情緒困擾、恐懼感、憂鬱、失眠、身體症狀（如頭痛）、腹痛等，三餐要規律、充足睡眠、減輕壓力，讓受傷的自己在時間的流動中逐漸康復。

第四件事：「向學校反應霸凌事件了嗎？」

校方需要進行積極介入與通報，在嚴重的情況下，考慮是否讓當事者短期休假、休學、轉學等做法。

根據「兒童及少年福利與權益保障法」、「校園安全及災害事件通報作業要點」等相關規定，學校必須做到：

➡ 向直轄市、縣（市）社政及教育主管機關通報，至遲不得超過二十四小時。

➡ 就事件進行初步調查，於三日內召開防制校園霸凌因應小組會議。於受理申請之次日起兩個月內，由防制校園霸凌因應小組處理完畢。

➡ 以書面答覆申請人，並告知不服處理結果之救濟程序。

➡ 學校應以乙級事件進行校安通報，並立即列冊追蹤輔導。

➡ 如確認爲校園霸凌個案者，即應依規定以甲級事件通報校安系統，並啓動輔導機制。

輔導網路霸凌受害者：「五件不該做的事」

相對地，輔導受害者的過程有五件不該做的事：

➡ 別小看霸凌：忽略了當事者可能的嚴重心理傷害，或對方施行眞實暴力的可能性。

➡ 別急著幫當事者解決問題：助長了當事者的無力感，過度依賴他人，仍缺乏面對網路霸凌的勇氣與自信。

➡ 不要看到霸凌者就躲：可能滿足加害者的權力快感，助長繼續霸凌的行徑。

➡ 別還手：不落入「以暴制暴」的惡性循環。

➡ 別單獨面對霸凌者或其父母：會讓自己暴露於危險情境。

認識網路霸凌者的法律責任

網路霸凌者認爲：「網路言論只是遊戲言論，和眞實生活中的，當然不同。只有發生在網路上，何必大驚小怪？」

但法官會訓示你：「黑特版、臉書、LINE、線上遊戲等網路空間，都屬於公開場合，視同眞實社會；在網路上辱罵網友，等同於在派出所門口辱罵員警，皆觸犯刑法！」

我曾經有個個案，高中女生，因爲看一位直播主很不爽，就在網路上罵難聽且有性歧視的話，結果對方剛好是大學法律系學生，馬上截圖提告，求償三萬元，我的個案辛苦打工賺來的錢都飛了！

付出慘痛代價後，她「才知道」不能網路霸凌。她平常在臉書亂罵人，習以爲常，遇事才知事態可大可小，完全看對方要不要提告。

在受害者的輔導上，了解錯不在自己而在加害者身上，並擁有向對方提告的權利，產生賦權（Empowerment）的心理效果，不再感到無力，有利於療癒。

網路霸凌者需要擔負的**刑事責任**包括：

➡ 恐嚇罪（刑法第 305 條）：以加害生命、身體、自由、名譽、財產之事，恐嚇他人致生危害於安全者，處二年以下有期徒刑、拘役或三百元以下罰金。

➡ 公然侮辱罪（刑法第 309 條）：未指明具體事實，內容足以貶損他人社會評價之輕蔑行爲，不特定人或多數人直接得以共見共聞，不以被害人在場見聞爲必要，處拘役或三百元以下罰金。以強暴公然侮辱人者，處一年以下有期徒刑、拘役或五百元以下罰金。

➡ 誹謗罪（刑法第 310 條）：意圖散布於眾，而指摘或傳述足以毀損他人名譽之事者。處一年以下有期徒刑、拘役或五百元以下罰金。

➡ 加重誹謗罪（刑法第 310 條）：散布文字、圖畫犯前項之罪者，處二年以下有期徒刑、拘役或一千元以下罰金。

網路霸凌幾乎都屬於**加重誹謗罪**，爲什麼？因爲「有圖、有文、有眞相」，而且，賴都賴不掉！

影射也有法律責任

　　若只是「影射」沒有指名道姓，是否有法律責任呢？當然有！

　　2015 年，曾有某專科一年級的陳姓女學生，與林姓女學生意見不合，一氣之下在班上 LINE 群組說：「可憐之人必有可恨之處，剛剛好就好，做人不要太機歪，忍耐是有限啦……×……」

　　被影射的女同學不滿地回應：「難道是我個人的問題嗎？我也有積極參與報告，包括上網查有關於要報告的資料……」

　　之後，林女認為遭到陳女「公然侮辱」，憤而提告。

　　陳女「辯稱」：言論並沒有針對任何人，僅單純抒發情緒。但法官認為兩女先前有過糾紛，群組的同學都知道影射對象，事後又否認犯行，**未有悔意**，判拘役五十天，可易科罰金五萬元。

如果網路霸凌者以爲法律責任**只有**以上，那就錯了。

　　因爲還會面對**民事責任**，包括一般侵權之損害賠償，以及侵害人格權之損害賠償，範圍包括：身體、健康、名譽、自由、信用、隱私、貞操、人格法益等。

別輕忽網路霸凌民事求償

　　台中有一名女子在部落格寫某家牛肉麵味道太鹹，而且有蟑螂。剛好老顧客看到，轉知老闆，憤而向法院提告妨害名譽，遭判拘役三十天，賠償店家二十萬元！

法官認為該女評論已超越合理範圍，不能只消費一次就認為所有餐點都味道太鹹、散播「這家牛肉麵店很難吃」的言論，而且衛生局稽查並未發現有蟑螂。老闆因該文章放上部落格一年多，店家依一日損失一千元計算，索賠達五十萬元！但因該女當庭道歉，法官認具有悔意，判決賠償二十萬元。

　　網友於是評論：「以後看到蟑螂要抓起來跟店家合照留證據，以免沒圖沒真相。」

　　還沒完呢！網路霸凌法律責任還包括：**行政罰**。

　　如故事中的 Barbie 與小 Co，若網路霸凌者本身未成年，依少年事件處理法：

　　七至十二歲未滿之兒童必須接受「保護處分」，十二至十八歲未滿之少年視案件性質，依規定課予刑罰、或「保護處分」。因依行政罰法第 9 條規定，未滿十四歲人之行為，不予處罰。十四歲以上未滿十八歲人之行為，得減輕處罰。但他們需要接受前一節提到的加害者心理輔導。

　　若網路霸凌的對象是兒童，霸凌者會因身心虐待兒童，依兒童及少年福利與權益保障法第 97 條第 1 項，遭處新臺幣六萬元以上三十萬元以下罰鍰，並得公告其姓名。

　　網路霸凌加害者的父母親，也因為法定代理人而具有法律責任，負民事侵權行為之連帶賠償責任，少年法院得裁定命其接受八小時以上五十小時以下之親職教育輔導，拒不接受或時數不足，處新臺幣六千元以上三萬元以下罰鍰。

教育人員也有法律責任，特別是「通報義務」：知悉者應於二十四小時內通報。未通報罰則，處新臺幣六千元以上三萬元以下罰鍰，且成績考核辦法規定，違反法令情節重大，得記大過處分。

有一位網友說：「自己的臉書是封閉性社團，不開放其他網友觀看，所以亂罵另一個不在裡面的網友，並不算網路霸凌啊！」

這位網友醒醒吧！法官會告訴他：「這是錯的，只要是在網路上，有第三人（網友）以上見證，即使受害者當下並未看到，網路霸凌行為在法律上已經成立。」

建立反網路霸凌文化：家庭與學校層面

前述加拿大麥基爾大學艾爾加的研究也發現：青少年遭受網路霸凌的精神症狀，和家人共進晚餐的頻率竟然有關！每週四天與家人共進晚餐的青少年若遭到網路霸凌，出現精神症狀機會為 4 倍，但每週完全沒有與家人共進晚餐的青少年將增至 7 倍。

青少年與家人共進晚餐，能有家人互動、溝通，對青少年精神健康有益，也保護他們免於網路霸凌的身心危害。

確實，要預防故事中網路霸凌加害與被害的憾事，就從親子互動開始，父母親要留意：

➡ 時常關心孩子網路交友狀況
➡ 利用新聞事件機會，與孩子討論網路霸凌的因應方式
➡ 若孩子出現任何身心症狀，主動詢問是否牽涉網路霸凌
➡ 若發現孩子在網路上霸凌他人，立即制止並且教育

若孩子疑似遭到網路霸凌，父母需要：

➡ 主動通報學校相關人員、並參與後續流程

➡ 和網路霸凌加害者的家長討論後續處置
➡ 要求網站管理者（如臉書、IG、LINE 等）移除網路霸凌相關的內容
➡ 若孩子有人身安危顧慮或犯罪嫌疑，應前往報警

學校角色在預防網路霸凌上很重要，需要做到：
➡ 班級老師們展現情緒支持、溫暖與關愛、關注學習、增強學生們的自信心
➡ 校方透過宣傳、演講、競賽，積極提升學生反網路霸凌的知能，讓學生及早辨認出網路霸凌，並宣導這是不能開玩笑、也無法接受的行為，會受到校規與法律的嚴格處分
➡ 行政人員必須檢視校規，是否姑息了網路霸凌者
➡ 國際學校反網路霸凌訓練計畫，包括：美國數位公司創辦的媒體英雄（The Media Heroes）、由美國國會資助的網路安全計畫（i-SAFE），澳洲國家網路安全計畫（Cybersmart），美國國家兒童失蹤與受虐兒童援助中心的 NetSmartz 等，都發現邀請家長參與學校反網路霸凌訓練計畫，能夠讓加害者與受害者都減少。
➡ 營造尋求專業協助的文化：鼓勵學生勇敢告知家長、老師、輔導老師、學務主任、校長、心理師、醫師。其實，不只是身心科醫師，小兒科醫師與任何其他科別醫師都能夠協助。

建立反網路霸凌文化：社會層面

離開了學校，進到職場與社會交友圈中，應該如何建立反霸凌文化呢？

分享我在社群軟體中的真實事件：一名網友平素就目中無人、出言不遜，一晚似乎喝了烈酒，對著相處不睦的另一名網友大罵五字經問候，一開始沒人敢講話，過了一小時，一位熱心的前輩發聲制止，並要求霸凌者道歉，其他網友也跟著貼文附和，過了一小時，網友公開道歉，迅速結束了這場網路霸凌。

看起來，只要有人仗義執言，網路霸凌處理起來應該不至於太棘手吧？

並不是的，這次事件可以迅速落幕，是因為已有前車之鑑。

原來，該網友以前也曾經犯過一樣的錯誤，延燒三日，造成「慘重傷亡」，甚至許多網友看不下去，選擇自行退群，後來社群管理員決定讓該網友「退群」。經過一個禮拜，他希望加回來群組，而且明顯學乖了，一次比一次收斂，道歉一次比一次快。

旁觀者勇於出聲制止，讓霸凌者退出群組，或是沒辦法時，其他網友自行退群，眾志成城反霸凌！

另一個案例是，多年來有位網友習慣使用侮辱性字眼回應，甚至有愈演愈烈的趨勢。一開始先是一名女網友發難，指出這樣的陳述造成其他人不舒服，要求立即停止並撤回言論，其他人也附和，霸凌者於是收斂了一個月。後來故態重現，數十位女網友發起「集體退群」，因而阻止了霸凌者的負面言語。所以千萬不要小覷團結的力量！營造反網路霸凌文化的社會策略如下：

➡ 培養網路禮儀：網路空間就是真實社會，人際應有相互尊重、說話禮儀，以及法律所保障之安全界線。

➡ 「沒有無辜的旁觀者」：當網路霸凌事件在群組裡發生，若網友只是袖手旁觀，其實是「助紂爲虐」，反之，適時出聲制止，甚至其他網友也一起發聲，就形成莫大的反網路霸凌力量，形塑「旁觀者正義」的網路文化。

➡ 善用網站申訴機制：主動通報網站管理者（包括：網路公司、版主），不是「抓耙子」，而是保護自己的法律權益，也保護其他「未來受害者」的義舉！

➡ 新聞媒體宣導反霸凌行動：美國女子韋拉斯奎斯（Lizzie Velasquez），患有全身脂肪失養症的罕見疾病，身高 157 公分的她，體重不到 27 公斤，右眼全盲，左眼視力受損。網友把她拍成「世界上最醜的女人」影片，吸引超過四百萬人次點閱，網友們還評論：「妳是不應該出生的怪物，父母應早把妳墮胎！」「拜託妳來爲世界做一件好事吧！拿槍自盡吧妳！」當年她才十七歲，嚇到不知該如何反應，以爲人生就此結束。但她從沒放棄希望，實現大學畢業、成爲激勵講師、出書等目標。她還挺身而出，爲許多受到網路霸凌的人伸出援手，一再告訴大家：「只有你，可以定義你自己！」

➡ 制定反霸凌法律：網路暴力視同真實暴力零容忍，須擔負法律責任。

網路霸凌受害者輔導與預防的策略

▶ 遇到網路霸凌時，用 4S 策略因應：停止、存檔、掃除、告知

▶ 積極尋求父母、學校導師、輔導老師、學務處人員和信任大人的協助，善用網路霸凌投訴管道

▶ 務必將霸凌事件通報學校，校方須於二日內召開防制校園霸凌因應小組會議，並安排後續相關處置

▶ 若網路霸凌事件發生，盡力減少可能造成的身心傷害

▶ 接受學校、診所或醫院的網路霸凌受害專業輔導

▶ 了解受到網路霸凌並非自己的錯，霸凌者須擔負法律責任

▶ 網友都應展現反網路霸凌的堅定立場

▶ 養成習慣，個人資料不應留在社群網站

▶ 務必保密社群軟體帳號，即使是「閨蜜」都不能說

▶ 網路交友以現實生活認識的人為限，不加陌生人為好友

▶ 培養真正的自信心（自我效能感），不要過度在意網友看法

網路的性

面對性成癮、性騷擾與性霸凌

據估計，全球有四百二十萬個和性相關的或是色情網站，佔所有網站的 12%。

網路性活動包含：觀看網路色情圖片與影片、網路性聊天、網路性視訊、網路搜尋性愛對象等，其中以觀看色情網路佔最大宗。

多數網路性活動並未帶來負面的人際、社交結果，屬於正常範圍。但部分族群出現過度使用，失去自我控制，並危害到角色功能，就屬於病態性。

新聞曾經報導，有些宅男耽溺於網路的性，疑似成癮而不可自拔，甚至有人跨越紅線，出現網路性騷擾、性霸凌的違法行為，付出昂貴代價，這些並非刻板印象。身為主角的他們，心路歷程究竟如何呢？

網路心理極短篇：台北 101

知名本土模特兒汽車旅館攝影師私拍珍藏照流出

我馬上點擊連結，不自覺地吞口水，卻發現喉嚨已經乾涸。現在是凌晨四點，晚餐和宵夜都忘了吃。

依稀還記得，三個室友約吃晚餐，說要去逢甲夜市吃大腸包小腸、麻辣魚蛋，半夜十二點又約去一中街吃炸雞排和臭豆腐。他們

自然是沒叫我的，怪誰呢？大一的時候，他們也找過我，但我流連色情網站，完全不想離開半分鐘。

我把自己的位置裝上黑色圍簾，發亮的螢幕是我的太陽，只有螢幕關掉的時候才是夜晚。任憑室友開燈、關燈、上課出門、下課回來、假日去聯誼、和女友同居……都和我沒關係。我像活在冥王星上頭，和室友唯一共通點，都是大三生。

我的螢幕上是身上疊了五顏六色生魚片的豔麗女體，螢幕前卻是一大疊原文書：靜力學、結構學、工程力學、高級工程數學、工程材料與鋼筋凝土設計等。我一面緊盯螢幕，一面不安地想到，明天早上九點到九點半，就輪到我向全班做期末報告，題目是「台北101 的摩天大樓建築分析」。教授規定做三十張投影片，但我才做了一張首頁，只寫了報告題目，以及報告人姓名我「曾勤瑟」。距離報告時間還有五個小時，這表示我一小時得生出六張投影片！

一想到這，我手心冒出冷汗，迅速把螢幕關掉，左手緊抓頭髮，右手把工程力學翻到第 1356 頁。對，就是這道關鍵公式：

$$\int e^{ax} \cos bx\,dx = \frac{e^{ax}}{a^2+b^2}(a\cos bx + b\sin bx)$$

可是，投影片應該貼張台北 101 大樓的圖片吧？

於是，我又把螢幕打開，在 Google 輸入「台北 101 」，打算找出最炫的照片，用 Photoshop 修圖，把「一柱擎天」的陽剛味呈現出來。

Google 上方的廣告方塊吸引了我的注意：「台北 101 位酒店極品美女大尺度私拍套圖」

好不容易下載完 101 位酒店極品美女大全集，資料夾說明共四千

九百六十五張圖片。才看到第兩百五十張，電腦時間顯示：上午六點。

我不能再這樣下去！

伸個大懶腰，揉揉酸澀的眼睛，起身離開房間，想到廁所洗個臉。隔壁寢的「英雄臉萌」剛好在那刷牙，跟我打招呼：「哎唷，勤瑟你起得很早嘛！我以為我是全宿舍最早起的。」

「是還沒睡啦。」我邊說，邊打個大呵欠。

「你也太用功了吧，為了今天早上的報告熬夜，等會欣賞你精彩的報告。」他說。

我面無表情，想到還在做第二張投影片，整晚什麼進度都沒，只看了一千多張Ａ圖。

「英雄臉萌」繼續說：「勤瑟，我從大一進建築系認識你，就覺得你是全班最有天份的，不太念書，靠直覺就會。但大二以後你很少來上課，一直補考、暑修，是不再對建築感興趣了嗎？」

「不，我對建築很有興趣，我最崇拜柯比意和安藤忠雄。我想要出國念建築博士，回國蓋一棟比101更高的大樓，重新拿回世界第一！」我說。

「剛看到你的眼神發亮耶，就是我認識的勤瑟，可是你遇到了什麼困難嗎？」

我頓時不知從何說起，突然打了個大呵欠，說：「我染上拖延的習慣，沒辦法控制。

「等一下的報告，我一個月前就開始準備，一口氣從圖書館借了十幾本原文書，翻開第一頁，看到公式，就想要怎麼推導它，用完美的表現方式融入報告。就是這個時候，心裡就有點壓力，有一股衝動想要上網……亂逛。

「在網路上，我可以從中午十二點起床，一直逛到隔天凌晨五點睡覺……我這樣已經兩年了……」

「難道，你昨晚都沒睡，也沒有準備報告，而是上網……亂逛？」

我點了頭，瞄到鏡子裡的黑眼圈，以及頭頂上的白髮。

「但你是這麼有夢想，並追求完美的人！聽起來好矛盾。」他搖頭說。

「拖延的惡習真的把我害慘，現在才做兩張投影片，等下鐵定被當。這科是關鍵的一科，接下來就『三分之二』，準備退學了。

「『英雄臉萌』，先說聲『後會有期』，你明年畢業典禮，我會鼓起勇氣來觀禮的。」我慷慨陳辭。

「別這麼說。你有沒去找過學校的諮輔中心？」

「沒有，因為我的問題太難以啟齒！

「我知道原因，太完美主義，給自己的壓力太大，染上拖延惡習，又窮緊張了兩年，結果就是一事無成！」

「勤瑟，不瞞你說，我大二也曾經這樣度過。

「你知道高級工程數學，老師出題很難，我愈逼自己念書，就愈容易分心，畢竟螢幕就在眼前，玩場『英雄×盟』，讓自己放鬆一下嘛！

「沒想到我愈陷愈深，根本沒念多少，當然就被當了。暑修的時候，我一直想為什麼我會變這樣？

「我爸是知名建築師，我常在逼自己，其實是用他的超高標準來要求自己，產生不必要的緊張，電玩又如此銷魂，於是愈玩愈兇。後來我決定不管那麼多，只管做自己，有學到基本知識就好，結果就順利了。」「英雄臉萌」好心地說。

我聽了，眼角感到有點溼潤，也想到一些事：

「跟你爸不同，我爸是工地領班，我媽乳癌過世以後，他更辛苦賺錢養家，就是要讓我當上建築師，不要再像他那樣，每天日曬雨淋的。高中的時候，我的成績是全班前三名，但校排沒有前十名，還被他罵！我做得再好，只有被他念的份。」

「英雄臉萌」很有同感地點著頭，說：「你爲了追求最完美的表現，眞的把自己『逼』到極點了，反而上網亂逛的時候，好像活得比較像個人。我問你一個最根本的問題：你眞的想當建築師嗎？還是，爲了讓老爸開心？」

我愣住了，就像被「英雄臉萌」K 了一拳。他繼續說：「去年我開始想這個問題，把建築當成我的專業之一，研究所則改念財務金融，心裡踏實許多，看到建築的原文書也沒那種壓力了。現在我只求過關就好。」

我有點頭暈，不知是整晚沒睡的疲累？投影片沒做完卻得上台的害怕？還是……

「英雄臉萌」看了看手錶，慌張地說：「怎麼跟你閒聊起來！七點了，你得回去趕工才是。」

我說了聲道謝，走回房間。瞄到旁邊室友的桌上，擺了一張他女友的照片，臉蛋和身材沒話講，眞是模特兒等級。這三年，女朋友愈換愈漂亮啊？！他不常回來睡，想必是在外和她同居了。

結果，我還躲在這裡看 A 圖和 A 片。

想起自己早上還沒洗臉。算了，看著第二張投影片、十幾本堆積如山的原文書，腦袋卻一片空白。

無意間，我的指尖碰到滑鼠，我發現自己已經連進情色論壇。

【本日最新】日本知名AV女優波多×結衣女家庭教師全記錄

這麼珍貴的 A 片非看不可的。

看著看著，不經意瞄到電腦右下角寫著：上午九點。

這片不看完可惜。我真的不想管那麼多了。

張醫師的診療室

故事主角曾勤瑟過度沉迷網路性活動，失去自我控制，造成學習與人際關係的負面危害，仍持續該行為，學者稱之為「網路性成癮」（cybersex addiction）或有點拗口的，「問題性網路性活動」（problematic cybersex）。

目前國際上關於網路性成癮的疾病概念尚未確認，多數專家描述為：失控而過度地參與網路性活動，並呈現以下症狀：

➡ 持續想要停止、減少或控制網路性行為，或戒癮沒有成功

➡ 持續與糾纏的網路性想法與強迫思考（認知凸顯症狀）

➡ 使用網路性活動，目的在處理負面情緒

➡ 無法進行網路性活動時，會經歷負面情緒狀態（戒斷症狀）

➡ 需要花更多時間來使用，或需要更新奇、更刺激的性內容
（耐受症狀）

➡ 產生負面結果，危害生活、感情、婚姻、學業、工作等層面。

流行病學研究發現其盛行率在 4.9% 到 9.6% 間，等於是十至二十人中就有一位。

男性對於色情網路的成癮，最普遍也最強烈，但往往顧忌於道德評價，感到沒面子，覺得「羞羞臉」，又怕被貼上標籤，裝作沒事，鮮少願意尋求協助。

真實的性：五十道陰影

為何網路性成癮者不進行真實的性愛活動，而沉溺於網路性活動（伴隨自慰）？

去認識自己有興趣的對象，需要長期經營與無比耐心，是第一道阻礙；即使接觸暫時的性伴侶，也需要勇氣付出行動，是第二道阻礙；為了培養感情需要精心安排活動、營造浪漫氣氛、找尋舒適環境……可能想破頭，是第三道阻礙；為了加溫親密關係，在對方耳邊說一大堆甜言蜜語、挑起慾望，是第四道阻礙；確認對方當下到底有無「性趣」，是第五道障礙……在性活動開始前，已經存在「五十道陰影」。

許多網友對於真實人際關係有多種恐懼：害怕被拒絕、害怕過度親密、習慣逃避、不想改變等，相對於網路的性，真實的性就像李白所說：「蜀道難，難於上青天。」

網路性魔法：3A 引擎

網路的性是由「3A 引擎」發動：

第一個 A 是便利性（Accessibility）

網路上最常被搜尋的主題是什麼？正是性。

每個人都可以非常輕易得到性資訊，在安全、放鬆的網路環境下，即時獲得刺激與愉悅，滿足性慾望。不管是生活中的無聊或壓力，都能瞬間逃入性的幻想世界中，無需等待。

此外，透過網路相機、視訊錄影、現場直播等，可以快速創造新的性內容，不僅是「集體創作」，更是雙向性的全球計畫，因為智

慧型手機的行動上網，讓性的上傳與下載，成為二十四小時的「性水龍頭」，取之不盡，用之不竭。

第二個 A 是可負擔性（Affordability）

網路上的色情論壇、圖片、影片，搭配高效的搜尋引擎，讓觀者的性胃口大開，最令人心花怒放的，是極低成本，甚至是免費的。只消點一個鍵，每天可以下載 TB 記憶容量等級的情色資料。

即使沒有刻意尋找，每天許多花邊新聞與性資訊，也會主動寄到手機、通訊軟體或電郵信箱裡。它們呈現的方式十分挑逗，還附上更多連結，這些免費的性愛食材，讓上癮者「吃到飽」，正確地說，是「吃到掛」！

第二個 A 是匿名性（Anonymity）

匿名對於性表達的影響，是非常關鍵的，讓人更有勇氣探索性資訊、性幻想與性活動。

實體情趣商店，雖然需求大到不行，終究一家一家倒了。為什麼？因為多數人踏進情趣商店時會感到尷尬，但在網路上的虛擬性愛網站，連最害羞的男女都感到「好自在」，不用面對真實社交與性愛的恐懼，大搖大擺地走進走出，二十四小時流連忘返。那些性愛聊天室、性愛直播，等於是讓男女都戴上面具，參加一場忘掉「禮義廉恥」的「面具舞會」，釋放最原始的生物慾望。

目前的網路性活動，可能透過觀看色情網站圖片或影片、通訊軟體或聊天室裡的性言語交談、視訊通話的性裸露畫面、網路直播的性愛秀，伴隨單方面或雙方的自慰行為。隔著螢幕，雙方更快速、更坦白地透露情感、熱情與親密想法，想像與期待強化了慾望。

美國知名性治療師庫柏（Al Cooper）描述網路的性為：「這些現代世界的海上女妖……正引誘他們觸礁。」同時指出網路性活動具有快速傳播與不受控制的特性，社會大眾處於極大風險中。

結果也證實，網友真的觸礁了。網路性互動非常耗時，二十四小時不斷線，除非有過人自制力，很容易沉溺其中，荒廢生活。

就像故事中的曾勤瑟，很可能因為網路性成癮，成績嚴重落後，或者喪失學習動機，導致被當、休學或退學。

上班族在工作中瀏覽色情網站被逮到，有些雇主就是直接解聘，有些雇主善意提醒去看醫生，除非再犯才會解僱。

網路的性也可能衝擊婚姻。許多男性沉迷色情網站或影片，強迫式自慰，對於身邊的伴侶愈來愈不感興趣。他們的伴侶可能感到被忽略、被背叛、被欺騙、被羞辱，認為這是一種網路出軌（infidelity）。

此外，伴侶出現自尊受損、嫉妒、孤單、憤怒、憂鬱等負面情緒，對於性愛感到厭惡或挫敗，導致性慾減退與關係破裂，衝擊伴侶關係甚巨。

四種網路性成癮者

臨床研究發現，網路性成癮者區分為四種類型：

第一類、壓力性成癮者

用網路性活動來處理生活中的重大壓力。故事主角曾勤瑟就是如此，表現焦慮過高、害怕失敗、太在意他人評價，可能和過度認同父親有關，藉由網路性愛逃避壓力。

第二類、憂鬱性成癮者

沉迷網路性活動以減輕憂鬱情緒，但「舉杯消愁愁更愁」，失控的性又惡化了憂鬱。

第三類、逃避性成癮者

許多重度電玩玩家，習於線上人際互動，害怕並逃避與真實世界裡的人互動，防衛心強，用線上色情滿足性需求，最後沉迷於色情網站，卻離真正的親密關係日益遙遠。他們有著親密關係的心理困難，包括：人際敏感、害怕親密接觸、害怕被對方拋棄、害怕被拒絕、羞恥感等心理。

第四類、幻想性成癮者

想用網路性活動逃離一成不變的、無聊的日常生活，進入白日夢似的幻想世界，尋求愉悅與刺激、滿足性慾望。

網路性成癮有哪些危險因子？

德國杜伊斯堡—埃森大學（Universität Duisburg-Essen）心理系團隊進行實驗性研究，針對平日有進行網路性活動的受試者，調查其網路性成癮症狀、平日性亢奮程度、整體精神症狀等，再觀看一百張色情圖片，分為十種不同內容，報告主觀性喚起感受。他們發現和網路性成癮最相關的因子，依序排列為：

▶ 平日進行網路性活動時間較長

> ▶ 對實驗色情圖片產生想自慰的渴求感
> ▶ 對實驗色情圖片產生性喚起的渴求感
> ▶ 平日性亢奮程度
> ▶ 平日整體精神症狀，包括焦慮、憂鬱、失眠等
> ▶ 對實驗色情圖片的性喚起評分
>
> 　顯然，控制平日網路性活動時間、性亢奮程度，以及改善精神症狀，有助於減少網路性成癮。這在男、女性的狀況是類似的。
>
> 　研究團隊也發現，主觀感受的網路色情成癮症狀愈多，大腦腹側紋狀體（ventral striatum）的活動愈強，這裡正是大腦主掌報酬期待與愉悅感的重要部位。這項神經學發現，說明了為何部分的人會在觀看色情網路時失控。

兒童青少年的網路性成癮

　兒童可能因為好奇，透過網路探索性知識，本質上是健康的。

　青少年開始關注性傾向、性愉悅，並尋求性滿足，但這些偏偏又是大人與學校都避而不談的，一些性教育網站填補了這道鴻溝，提供了合適的資訊。特別是性少數的孩子，包括：男同性戀、女同性戀、第三性等，在現實中常被孤立、權利剝奪、遭到異樣眼光對待、言語霸凌等，他們感到壓抑、焦慮或憂鬱，卻能在網路社群中獲得健康知識與心理支持，甚至感到被接納。

　兒童青少年出現病態的網路性活動，可能和以下心理因素有關：

➡ 補償不被愛的感受

➡ 故意呈現自己很壞的一面

➡ 從事危險性行為，證明自己已經長大

➡ 得到性的關注，總比沒有任何關注好

➡ 覺得網路上的性是安全的，過度熱情

➡ 假裝與對方很親密，仍掩藏真正的自己

➡ 用性刺激處理負面情緒與想法

➡ 用性減輕空虛感與麻木感

➡ 在失控的生活中，用性讓自己覺得有控制感

➡ 缺乏社交技巧，用網路的性回避真實人際

若家庭缺乏第一章所提及的健康上網服務與網站分級限制，兒童青少年很輕易地透過網路接觸到過量與超齡的色情資訊，不自覺地用網路性快感，來處理成長中的壓力、情緒與自我認同，容易出現強迫性觀看色情圖片或影片、強迫性自慰、性犯罪（偷窺、盜攝、暴露等）、性濫交與雜交。

兒童青少年進行網路性活動有相當風險，可能成為被對方利用、欺騙、性剝削，甚至遭受實際性侵害，留下終生難以磨滅的創傷。

庫柏等人指出，兒童青少年若有以下危險因子，是網路性成癮的高危險族群：過度沉迷網路性活動而孤立、有重度或慢性憂鬱症狀、尋求興奮的情緒經驗、假親密行為、用網路處理性困擾、有性行為問題史、缺乏或極少參加同儕的社會活動。

網路性成癮的治療

針對故事主角曾勤瑟，美國諮商教育博士戴爾摩尼寇（David Delmonico）建議可使用「二級改變」的治療模式。

第一級改變：進行危機處理，採取具體行動來停止網路性成癮：

第一步驟：減少上網（電腦、平板、手機等）

➡ 移到室友、家人或同事出入頻繁的地方（如客廳、門口）

➡ 安裝健康上網服務（過濾色情資訊）

➡ 限制每天上網時間

➡ 把問題告訴一個自己信賴的人

第二步驟：提高自覺

➡ 填寫性愛成癮量表：可參考我在《上網不上癮》第82至84頁所轉載的「線上性篩檢問卷」（internet sex screening test，ISST）

➡ 開始接受網路性成癮的治療

➡ 參加網路性成癮的團體治療

➡ 自己整理性愛與網路性活動的經驗史

➡ 紀錄網路性活動的時間、頻率、活動

➡ 列出網路性活動可能為自己帶來的不良後果

第二級改變：接受心理治療，以達到深層、長遠的療效

➡ 打斷網路吸引力：暫時離開網路，打斷「3A 引擎」中的便利性、可負擔性、匿名性所形成的性愛儀式

➡ 接受精神科評估：處理憂鬱症、焦慮症、其他成癮症、強迫症等合併疾病，積極治療

➡ 將家人納入治療：家人的理解、接納與鼓勵對案主有莫大助益。透過伴侶或家庭治療，能重建開放的溝通管道，提升家人間的信任感，培養案主對治療的責任感

➡ 打破社交孤立：當網路性活動取代了真實人際，形成一種關係退化（relational regression），需要打破孤立，重建

忽略已久的人際關係

➡ 處理連帶心理困擾：和網路性成癮相關的心理因素，包括：壓力管理、憤怒管理、羞恥或罪惡感、過不去的悲傷或失落感、童年創傷問題，以及培養受害者同理心等，皆需要積極處理

➡ 促進健康性行為：需要找出方法，讓真實的性活動更加滿意

➡ 探索性靈：透過人生意義的討論、宗教信仰的探詢，重啟有意義的生活

當網路性成癮者拿出勇氣，開始接受治療、傾聽內在聲音、設定合理目標、建立真實人際連結，將能走出那「五十道陰影」，重獲性健康！

偷窺、偷拍與散佈

色情網路的熱門主題之一，正是偷窺照片與影片。

東歐愛沙尼亞老城塔林（Turin）有棟古蹟建築，上面有個戴眼鏡的老人雕像，模樣十分「滑稽」（音同「古蹟」），是怎麼回事呢？

一個年輕少婦晚上睡覺時，發現對面有個老頭總是色瞇瞇地往她身上瞧，原來是名偷窺狂，又稱為偷窺湯姆（peeping Tom）。她告訴丈夫，而丈夫是一位年輕的商人，他想用委婉的方式處理此事。他在主臥室的窗口旁刻了一個戴眼鏡老頭的逼真雕像，當老頭往她看時，就像看到自己色瞇瞇的樣子，連自己也看不下去，索性搬走了。

這位商人丈夫的智慧真的一流，但隨著科技進步，高畫質照相

機、攝影機、隨身帶著走的高像素智慧型手機，以及藏身於生活日用品中的針孔攝影機大行其道，偷拍已經難以靠智慧迴避，當今災情最嚴重的是南韓。

2019 年 3 月，韓國男子音樂組合 BIGBANG 成員「勝利」，遭踢爆其手機有個八人群組，稱為「老司機群組」或「渣男群組」，南韓藝人鄭俊英涉嫌非法拍攝性愛影片及照片，並在群組內分享傳播偷拍的不雅淫片，因手機送修造成對話曝光。受害女性超過十人，在對話中說到偷拍性愛過程被女方抓到時，還回應：「要是沒被抓到的話，就可以假裝交往繼續做了。」

南韓官方統計顯示，2012 年有兩千四百件偷拍案，到了 2017 年增至六千四百宗，以倍數暴增。2018 年首爾與其他城市出現大規模民眾示威，喊出「我的生活不是你的 A 片」（My Life is Not Your Porn）口號。

南韓著名偷拍報復網站 SoraNet，自 1999 年營運，會員人數破百萬，充斥偷拍影片、情侶分手後的報復式性愛影片，有大量受害者，甚至有女性受害人不堪受辱而輕生。後來 SoraNet 遭警方查封，網站主持人被判處四年有期徒刑，罰款將近四千萬台幣。

性社群媒體的大量出現，衝擊了人類性行為。在社群媒體散佈偷拍影音，加強了偷拍者的犯罪快感、彰顯個人權力、炫耀性能力、合理化其犯罪本質。部分慣性偷拍者可能罹患窺視症（Voyeuristic disorder），需要接受治療。此外，本來是少眾且稀罕的特殊性偏好，如今可以一次下載數萬張圖片與影片。特殊性偏好者在網站、論壇、新聞群組、聊天室中，發現更多人和自己有類似性偏好，合理化自己的行為，認為是可以被接受的。

目前精神醫學上正式描述的性偏好症（Paraphilic disorder）包

括：窺視症、暴露症、摩擦症、性施虐症、性被虐症、戀童症、戀物症、異裝症，以及其他罕見的性偏好症。

網路色情的法律責任

偷拍與偷錄觸犯《刑法》第 315 條、以及《個人資料保護法》的竊視竊聽竊錄罪，處三年以下有期徒刑、拘役或三萬元以下罰金。上傳色情照片或影片，可能觸犯《刑法》第 235 條散播猥褻物品罪，處二年以下有期徒刑、拘役或科或併科三萬元以下罰金。

透過視訊、直播軟體進行私密暴露或性行為，則可能觸犯《刑法》第 234 條「公然猥褻罪」，指意圖供人觀覽，公然為猥褻行為者，處一年以下有期徒刑、拘役或三千元以下罰金。

下載色情照片或影片是否沒有法律責任？錯了，雖然大多不構成違法，但有些狀況可能觸法！

2018 年，台灣刑事局接獲美國 FBI 通報，在執行監控全球百大散布兒童色情犯嫌行動時，抓獲兩名台灣男子，名列第三十、三十三名，依違反「兒童及少年性剝削防制條例」及「供人觀覽少年猥褻行為電子訊號罪」等罪嫌起訴，挨轟「台灣之恥」。

兩人是透過「電驢」（eMule）同時下載並上傳大量兒少性虐照片及影片。兒童色情在美國是重罪，色情免費空間網站多設在國外，FBI 可以調資料查緝，民眾下載時應確認有無觸法內容。

網路性騷擾

2019 年，法國媒體界爆發醜聞，一群年輕的法國媒體高階主管

創立一個臉書社團，名爲「LOL 聯盟」（League of LOL〔網路用語，Laugh Out 的縮寫〕），長年對女性新聞工作者進行網路霸凌，用色情笑話、強暴言語攻擊她們，特別是女權主義者。受害者指出，他們的網路霸凌曾讓一名女性放棄新聞工作，另一女性則出現自殺傾向。這項醜聞讓多位主管受到停職處分。

根據《性騷擾防治法》第二條，性騷擾指「性侵害」犯罪（強制性交或猥褻罪）以外，對他人實施違反其意願，而與性或性別有關的行爲。因此，網路性騷擾，實質上已是犯罪行爲。

性騷擾又區分爲數種型態：第一種是「以他人之順服或拒絕該行爲，作爲其獲得、喪失或減損與工作、教育、訓練、服務、計畫、活動有關權益之條件。」

這又稱爲性賄絡（Sexual bribery），如主管或老師利用權勢、考績、成績爲理由，要求私下性服務。

第二種是「以展示、或傳送文字、圖畫、聲音、影像或其他物品之方式」，這是性挑逗（Seductive behavior），包括：開黃腔、傳簡訊如「想做愛嗎？」、轉傳色情圖片或影片等。

第三種是「以歧視、侮辱之言行，或以他法」，屬於性別騷擾（Gender harassment），包括：傳簡訊如「妳不過是個婊子！」「你的胸部有多大？」或不當觸碰對方身體、盯著對方胸部看。

性騷擾所造成的負面危害是：「有損害他人人格尊嚴，或造成使人心生畏怖、感受敵意或冒犯之情境，或不當影響其工作、教育、訓練、服務、計畫、活動或正常生活之進行。」

網路性霸凌

性霸凌指透過語言、肢體或其他暴力，對於他人的性別特徵、性

別特質、性傾向或性別認同進行貶抑、攻擊或威脅之行為，不屬於性騷擾。

公共電視曾經播出《網路殺了她》（*The Sextortion of Amanda Todd*）影片，介紹加拿大一名女高中生亞曼達（Amanda Todd），從九歲就自拍唱歌跳舞，將影片上傳 Youtube，七年級開始和朋友玩視訊，她一直想要出名，成為「網紅」。卻因一張裸露照，人生走上絕路。

和一般人的想像相反，「網紅」的人生並不快樂。一天她開直播時，超過一百五十人觀看她的直播頻道，她做了裸露上身的決定，卻被有心人士截圖貼到色情網站，將連結傳到她每個臉書朋友的信箱裡。

她困窘、焦慮、沮喪，網友罵她「賤女人」、「鏡頭蕩婦」、「A 片女星」、「妳平常都這樣嗎？」對方更勒索她：「再為我表演三場上空秀，我就永遠消失。如果不給，我不會停手的！」「你死了，我會開派對慶祝！」她無助地寫道：「我每天哭著入睡，請幫幫我！」

某天，她在影片中寫道「我認為自己就是這世界上的笑話」，隨後自殺身亡。這起網路性霸凌案件震驚全世界，引起當局重視。然而，不只兒童青少年成為網路性霸凌的受害者，成人也無法豁免。

三十一歲的義大利女子提齊亞娜（Tiziana Cantone）疑似為了引起前男友的嫉妒，上傳和新男友的性愛影片，沒想到影片在網路瘋傳，網友模仿她在影片中的語氣和動作，她受不了網路上排山倒海的嘲笑與歧視，竟上吊自殺。義大利政府因此開始正視網路性霸凌的嚴重性。

她們的悲劇故事讓我們省思：在受到網路性霸凌所苦時，家人、

朋友、同學、同事與社會是否給了足夠的支持？

協助網路性騷擾及性霸凌受害者

若遭受性騷擾／性霸凌，可能出現多重身心症狀：

➡ 心理困擾：焦慮、憤怒、罪惡感、無力感、無助感、脆弱感
➡ 精神症狀：憂鬱、失眠、厭食、暴食、酒癮、藥癮、自殺想法與行為
➡ 身體症狀：頭痛、胃痛、肌肉疼痛、慢性疲勞
➡ 人際症狀：喪失自信、自尊受損、對他人敵意、疏離、退縮
➡ 功能症狀：喪失動機、工作或學業表現差、拒學、生涯迷失

應盡快採取以下步驟面對：

➡ 清楚表達厭惡之意，要求騷擾者立即停止騷擾行為。
➡ 當面或寫信告知對方，為何厭惡該行為，並要求對方立即停止此行為。
➡ 務必保留紀錄，有關性騷擾事件之人事時地物。
➡ 向學校老師或主管通報性騷擾事件。
➡ 若騷擾者是老師或主管，可求助學務處或諮商輔導中心。
➡ 出現被性騷擾身心症狀時，也可能是焦慮症、恐慌症、憂鬱症、創傷後壓力症等，應告知信任的親友，尋求諮商輔導中心、精神醫療院所的專業協助等。

受害者可能自我責備：當初怎麼沒想清楚，上傳了裸露照？然而，真正的錯誤是在惡意霸凌的對方，並不是自己的錯。

網路性騷擾及性霸凌的法律責任

在網路性騷擾方面，一般適用《性騷擾防治法》，在學校適用《性別平等教育法》，在職場適用《性別平等工作法》，合稱「性平（性別平等）三法」。

《性騷擾防治法》規定，對他人為性騷擾者，可處新臺幣一萬元以上十萬元以下罰鍰。利用權力或職務之便要求性賄絡者，得加重科處罰鍰至二分之一。

國內曾發生多起性霸凌新聞事件，高中或大學男學生因為感情受挫，憤而上網張貼並散布女友性愛照，以為報復，事後都牽涉多項刑責。

若在被害人知情的狀況下拍攝，散播者可能觸犯《刑法》第 310 條誹謗罪：「意圖散布於眾，而指摘或傳述足以毀損他人名譽之事」，但因網路的文字或圖畫，構成「散布文字、圖畫，犯前項之罪」，一律變成加重誹謗罪，處二年以下有期徒刑。受害者還可依侵犯名譽及人格權，提出民事告訴，請求賠償。

若在被害人不知情狀況下拍攝，散播者可能觸犯《刑法》第 315 條之 1 防害秘密罪，處三年以下有期徒刑、拘役或三十萬元以下罰金。若意圖上網散布、播送或販賣，可判處五年以下有期徒刑、拘役或科或併科五十萬元以下罰金。此外，受害者可依侵犯名譽及人格權提民事告訴，請求賠償。

如何預防網路性成癮、性騷擾與性霸凌？

- ▶ 限制每天上網接觸性內容的時間
- ▶ 若發現成癮且失控,可告知信任的親友,請求協助
- ▶ 維持健康的社交關係,不被網路性活動取代
- ▶ 網路社交留意人我分際,避免性騷擾言語
- ▶ 傳送具有性意味的影音內容之前,應考量對方感受,多方思考再行動
- ▶ 熟知並遵守網路相關法律,避免成為加害者與性犯罪者
- ▶ 若遭受網路性騷擾或性霸凌,應明確表達自己不舒服,要求對方停止
- ▶ 若出現被性騷擾身心症狀時,應主動尋求親友與專業人員協助

PART

3

健康上網
不上癮

Q   Digital age

遊戲成癮
熟練應用六步驟正向溝通法

　　當孩子出現網路成癮、甚至拒學行為，父母往往氣急敗壞，當庭宣判孩子十大罪狀，施以譴責怪罪之「酷刑」，或處以完全斷網之「極刑」。孩子抵死不從，雙方唇槍舌戰，甚至拳腳相向，家中從此烽火綿延。

　　父母會生氣，是人之常情，三十年前的父母也是這樣教養。但在網路世代，養尊處優、自我感覺良好、手機網路隨時隨地誘惑，父母只靠「脊髓反射」來教養，絕對是行不通的！如果親子互動本來就不順暢，只會讓事態更加嚴重。

　　數位時代的父母應該具備「親子教養專家」的功力。

　　如何做到？家長需要熟悉「正向溝通法六步驟」。

　　以下從一個相當具挑戰性的案例說起。

網路心理極短篇：咕咕鐘

「老闆，一杯大冰紅。」

「啥？」我問。

「不對，改成一杯大珍奶，三分之一糖，五分之一冰，用鮮奶不要奶精，珍珠要大顆的那種，我七分鐘後過去拿。」

「你打錯電話了吧，這裡不是飲料店！」

講完，我生氣地掛掉電話，不是因爲這個人龜毛又打錯電話，而是我睡得正甜，卻讓電話硬生生吵醒。爸媽都不在，如果我不起來接電話，就會一直響下去，根本是個鬧鐘。

這時，我聽到驪歌的旋律，看向牆上的咕咕鐘，咕咕鳥飛出鳥巢，張大嘴唱歌。牠一小時就叫一次，聽了就煩。

時針指向早上十一點。雪特（shit），我早上六點多才睡，這通電話害我睡不到五個小時，還害我心情不好。今天不去學校了，都是電話害的。

我躺回床上，發現睡不著，肚子有點餓，乾脆起床。

我泡了麻辣牛肉泡麵，端到電腦前面，登入「××online」。

自從被斷網，這個月我都得連樓下王叔叔的 wifi 才能玩線上遊戲，速度還算快。沒錯，他有設密碼，但上次我偷滑爸爸手機，找到王叔叔的手機號碼，一輸入果然就破解了！

這些大人眞笨。

「××online」畫面開始，我發現自己的法術攻擊力增加三倍，生命力也增加五倍。哈，我昨天晚上買的虛擬寶物和裝備，眞是買對了，不過眞不便宜。

這泡麵很夠味，我整個精神都來了，今天來個十場戰鬥沒問題。

吃完了，我把泡麵碗往牆角一扔，二十幾個堆積如山的碗崩塌下來，三隻蒼蠅飛到我的臉和脖子上。

我聽到大門打開的聲音，莫非我媽回來了？

果然。媽媽打開我的房門，臉色比平常更蒼白，顫抖地說：「游曦，你給我老實說。」

「說什麼？」

不會被發現了吧？我的聲音不自覺比平常更大。

「你爸發現這一個月他口袋的錢莫名其妙變少，算起來竟然總共少了兩萬塊！是不是你半夜起來偷走的？」

「當然不是！」

「不是？好，還有，你是不是半夜偷拔你爸的手機 sim 卡？」

我心裡一驚，她怎會知道？

因爲被斷網，我的智慧手機 sim 卡也被沒收，這禮拜王叔叔不知發什麼神經，半夜兩點就把 wifi 給關了。這叫我怎麼辦？

還好我急中生智，偷偷摸走爸爸在客廳充電的手機……他眞白癡，是他自己要放在那裡的。還怪我？

「發什麼呆？你是不是在騙我？」

「沒有就是沒有！你們有什麼證據？」

「他這兩天一直收到××online 的垃圾簡訊，不是你是誰？」

天哪，我失算了，我沒想到有這個問題。不過也沒差，我才不甩他們。

「是又怎樣？爸惡意斷我的網，害我不得不拔他的sim 卡來用；而且，我同學都在玩××online，你們憑什麼阻止我玩？你們眞的是很離譜的父母！」

「你才是最離譜的小孩！你們同學有像你這樣常常不上學嗎？這個禮拜你竟然有兩天沒去學校，我每次聽到手機響，整個人都快崩潰，因爲我怕又是你班導打來，上禮拜叫我去學校跟她解釋，她說再這樣下去要休學。我丟臉都快丟死了！」

她開始大聲哭。

我最怕我媽哭，因爲，她接下來會抓狂。

「我已經被你搞到憂鬱症，吃安眠藥才能睡，這兩個月瘦了十公斤。你奶奶和爸爸害我一輩子還不夠，你還跟他們一起逼我，我乾

脆死一死，你們就高興了，是不是？」

　　有這麼嚴重嗎？我爸斷我的網，如果媽媽也要死，我人生就是沒救了，我，乾脆一起死好了。

　　「你今天會網路成癮，都是你爸害的。你國小電動打很兇，我要管你，他就說打電動又不是什麼壞事，未來是網路的世界，小孩上網愈久愈聰明，愈能出人頭地。

　　「結果你國中三年級，功課全班最後一名不講，還搞到不上學。你爸氣炸了，斷你的網不說，還斷父子關係。沒錯，他以後都不再管你。但你的問題一個沒少，全叫我一個人處理。我已經快崩潰，你還繼續騙我！」

　　我媽從哭泣變成吼叫，我想要把她關在房間外，把門緊緊鎖起來。我最恨我爸，他明明說玩網路遊戲很好，現在卻斷我的網。

　　「科學家為什麼要發明網路？你爸國中也愛玩，不會念書，但他一放學，就被你阿公逼著做黑手，十五歲自己賺錢，後來開汽車保養廠當老闆。你不會念書，愛玩網路遊戲，但爸媽講的話你完全不聽，連學校也不去，簡直是廢物！」

　　拜託，我一個禮拜還有去兩天，也是看在你們的面子才勉強去的。結果，你把我講得這麼爛。

　　「我不管，你明天開始不准玩電動，給我去學校！」媽媽堅定地說。

　　「我不要。」我不想這麼容易讓步。

　　「你既然不去上學，那……就乾脆辦休學！」

　　我愣住了，休學？

　　我只是「不想上學」，但「不想休學」。現在這樣不是很好嗎？

　　休學的話，會怎麼樣呢？變成中輟生嗎？聽說學校有幾個中輟

生，在賣K他命，可是我跟他們應該不一樣吧。我媽既然認爲我是那樣，那我……

「好，休學就休學！」

她也愣住了，眼神有點不可置信似的，停了十秒鐘，最後也冷靜地說：「好，就來休學。」還補上一句：「你眞的沒救了。你永遠都沒辦法出人頭地。」

驪歌聲再度出現，咕咕鳥又飛出來，時針指著十二點。

煩死了，我不去上學了，都是你們害的。

張醫師的診療室

網路遊戲成癮

許多父母或師長見到孩子打遊戲時，直覺地認爲他就是網路成癮。事實上，網路成癮是一個嚴謹且嚴重的名詞，在醫學上定義爲：

➡ 過度沉迷網路、依賴網路或病態性的網路使用

➡ 當事者難以自我控制

➡ 導致身心健康、學業、人際關係、家庭、職業等方面的功能損害

你是否有網路成癮呢？初步可透過臺灣大學心理系教授陳淑惠編制的「網路成癮量表」（Chen internet addiction scale，CIAS），了解自己是否爲網路成癮的高風險族群，我已收錄於另一本著作《上網不上癮：給網路族的心靈處方》中。若爲高危險族群，應主動尋求專業人員協助、醫師確診治療。

多年來，學者提出網路成癮的可能內容包括：網路遊戲、社群媒體、影片或動漫、性活動、資料下載等，當中公認以網路遊戲成癮性最高，就像故事中的游曦，已經出現拒學行為。美國精神醫學會 DSM-5（2013）提出「網路遊戲障礙症」（internet gaming disorder, IGD）的研究診斷概念，之後國家衛生研究院林煜軒醫師等人，編制中文版「網路遊戲障礙症檢測」（IGT-10）問卷（請見附錄一），可讓孩子填寫，檢測孩子是否有網路遊戲障礙症的可能性。至於是否符合診斷，則需要專業醫師判定。

2018 年，世界衛生組織率先將「遊戲障礙症」（gaming disorder）列為正式精神疾病診斷（ICD-11），定義為一種持續或反覆的遊戲行為模式，可能是連線或離線，呈現三大特徵：

1. 失控地遊戲：呈現想到就玩、玩得非常頻繁、需要非常刺激的內容、玩的時間長、無法自己控制結束、不該玩的時候還在玩等特徵。

2. 遊戲的重要性增加，超過了其他生活興趣（健康休閒）與日常活動（三餐睡眠）。

3. 即使出現負面結果，仍持續或增加遊戲。

此行為模式夠嚴重，導致在個人（生理疾病如視力惡化、衛生狀況差，心理症狀如焦慮、憂鬱、自殺）、家庭（親職忽略、家人疏離、夫妻問題、家庭暴力）、社交（人際退縮、嚴重衝突）、教育（成績嚴重落後、休學、退學、拒學）、職業或其他功能領域，產生重大危害，且出現至少十二個月，若症狀嚴重，所需時間可能縮短。網路遊戲障礙症在世界各國的兒童青少年的盛行率，從 1%到 9% 不等，根據國家衛生研究院林煜軒醫師診斷性會談研究，台灣

的盛行率在 1.9% 到 3.8% 之間。

表一　台灣網路遊戲障礙症的盛行率

網路遊戲障礙症	重風險族群	確診族群
國小	7.5%	3.8%
國中	12.1%	2.9%
高中職	11.5%	1.9%

※資料出處：教育部與亞洲大學柯慧貞教授等人研究、國家衛生研究院林煜軒醫師等人研究

網路遊戲成癮不只是對遊戲上癮，嚴重性還在於「合併症」，包括：憂鬱症、焦慮症、社交畏懼症、人格障礙症（包括：自戀型、反社會型、邊緣型、畏避型）、注意力不足／過動症、物質濫用等。反之，這些精神疾病也常合併網路遊戲成癮。

父母親必須有很重要的認知：有網路成癮的兒童青少年看似享受遊戲快感，其實內心淌血。因為持續面對學習嚴重落後、和同學日益疏遠、親子激烈衝突或冷戰，以及自我失控的無能感。台灣網路成癮防治學會理事長柯慧貞教授的本土研究印證：網路成癮程度愈嚴重，自我認同感、幸福感愈低。

此外，彰化師範大學輔導與諮商學系王智弘教授研究發現，網路成癮有十大危險因子，國家發展委員會 2015 年「網路沉迷研究」報告中，發現其相關係數，也就是與網路成癮之間的相關性，由強到弱依序為（括號內為相關係數，數值愈高代表關聯性愈強）：憂鬱（r = .48）、課業或工作壓力（r = .43）、無聊感（r = .43）、同儕關係不佳（r = .40）、神經質（r = .38）、低自尊（r = .37）、社交焦慮（r

= .36)、家庭關係不佳（r = .35）、衝動控制不良（r = .35）、敵意（r = .30）。下表整理各因子的負面心理狀態，以及網路所帶來的滿足：

表二　網路成癮十大危險因子

名次	心理因子	負面心理狀態	網路帶來滿足
1	憂鬱	做事時集中精神有困難；無力感、無望感、無助感。	轉移注意力、消除負面情緒。
2	課業或工作壓力	搞不懂課業內容或工作要求；課業挫折感、學習動機不足。	暫時、或持續逃避壓力。
3	無聊感	感到生活總是千篇一律或無聊；與人缺乏情感連結、無生活重心、生涯目標迷惘。	尋求心理刺激、讓自己忙碌以轉移注意力。
4	同儕關係不佳	和朋友談話時，沒有被關心的感覺；過度內向、人際退縮（太宅）、社交技巧不足。	替代的人際支持、獲得歸屬感。
5	神經質	感到悶悶不樂；完美主義、內在心理衝突、欠缺安全感。	感到自我全能，能完美地掌控，逃離現實中的不完美或失敗經驗。
6	低自尊	傾向認為自己是個失敗者；缺乏自信，可能和手足競爭、同儕競爭、甚至校園霸凌有關。	享受成就感，從遊戲或網路人際中得到肯定。
7	社交焦慮	和他人視線接觸有困難；面對人會過度緊張、感到壓力。	紓解人際關係焦慮。
8	家庭關係不佳	不滿意和家人相處時光；親子關係衝突太大、過度保護或疏離。	尋找安全感與親密關係。
9	衝動控制不良	難以控制自己的衝動行為；個性衝動，可能因為注意力不足／過動症，或品行障礙症。	馬上得到成就感、追求刺激。
10	敵意	覺得別人和這個世界惹自己生氣；對同學、老師、社會充滿仇恨，常來自家庭負向互動。	沉迷暴力電玩，或對他人進行網路霸凌。

網路遊戲的福與禍

　　中國山東師範大學針對五千多名十歲至二十三歲等各級學校學生，進行大規模問卷調查，了解各式網路活動和生活滿意度的關係，發現孤單與憂鬱會產生明顯影響。有孤單與憂鬱的人，可以在參與社群媒體時，感受較佳生活滿意度，卻在網路遊戲、網路色情、線上購物等活動中，感到較差的生活滿意度。

　　這項研究佐證了網路「可以載舟、可以覆舟」，上網可以讓我們快樂，也可以帶來不快樂。

　　在我們不感到孤單、憂鬱時，上網可能是中性的活動，但在我們感到孤單、憂鬱時，上網可能為生活滿意度帶來截然不同的效應，特別是使用網路遊戲、網路色情、線上購物時。

　　這顯示「網路之用，存乎一心」。

解析負向親子互動

　　就像故事中的游曦，網路成癮、對立反抗、品行問題（說謊、偷竊），加上拒學行為一起出現時，傷透父母的心，家庭關係變得非常火爆。

　　負向親子互動的常見特徵是「投射性認同」，相互怪罪之後，刺激彼此表現更負向。為什麼呢？

　　當父母批評游曦：「你才是最離譜的小孩！」游曦心想：「對，我就是像你講的那麼爛！」遂不自覺地照父母所說而行為，表現更爛，繼續出現欺騙、拒學、休學。父母看到孩子變得更負面，認為自己的判斷果然是對的，實質上，殊不知是自己刺激孩子變成自己

最討厭的模樣。

其實，當父母罵小孩爛，內心深處也覺得自己不好。也許是發現自己身為無能為力的家長，或能力敬陪末座的員工。父母隱藏的心結，在言語中都不經意投射到孩子身上，刺激孩子變得更差。

假設父母未意識到孩子本身的矛盾與壓力也很大，只靠憤怒與直覺來教養，會讓已經斷裂的親子關係更加受傷，讓網路成癮的處理更困難。沒錯，暴怒的父母用暴怒的言語都是在製造更多的麻煩！

父母親應先面對內心的恐懼，自我期許成為「APP 世代教養專家」，才能改善孩子棘手的網路成癮症狀。

六步驟正向溝通法

成為「APP 世代教養專家」的第一步，是熟練正向溝通法。

當游曦批評父母：「我同學都在玩××online，你們憑什麼阻止我玩？你們真的是很離譜的父母！」

父母回應：「你才是最離譜的小孩！」

更好的回應方式是存在的，家長們要先學會幾點：

1.忍住擔心，避免當面質問或指責

家長看到孩子半夜還沉迷遊戲，第一時間想必「氣急攻心」，但與其發飆、批評與責罵，造成更嚴重後果，不如「戒急用忍」，忍住擔心。怎麼做呢？

➡ 不要眉頭深鎖、金剛怒目或劍拔弩張

➡ 盡可能放鬆臉部表情和肢體姿勢

➡ 切忌對孩子大聲咆哮或陷入爭辯

➡ 想不到什麼好話時，保持沉默就好

➡ 孩子講話時,微微點頭

➡ 跟孩子說:「你講的,我都聽到了。」

2.表達關心,讓孩子感受溫暖

家長可以從另一個角度思考:孩子為了遊戲,犧牲整夜的睡眠,不管課業嚴重落後,和同學漸行漸遠,口頭上說不在意,內心深處也有壓力的,這時候適度表達關心,可以讓孩子慢慢放下心牆:

➡ 「你玩很久了,會不會累?」

➡ 「肚子餓嗎?」

➡ 「要不要休息一下?」

➡ 「需要幫忙嗎?」

➡ 準備消夜給他

➡ 倒杯熱水給他

有些家長抱怨:「當父母需要這麼『扭曲人性』嗎?」

我常向父母解釋,現在做父母真的比從前困難許多。小時候,我們放學後可能要馬上進廚房款一家大小的晚餐,或是扛起照顧弟妹的責任,沒做好該做的家事就認命準備挨罵,大人揮手過來時打不還手罵不還口,又因為環境單純,物質不甚富裕,父母從不需過分操心學校之外的事情。但是這些年來,科技大躍飛,物質環境變得優渥,父母希望孩子過得比自己好,孩子也因此愈來愈自我中心,對人同理心少了,「自戀世代」當然難管教。

再者,以前許多家庭並沒有電視,現在是再窮的家庭,父母小孩幾乎人手一支手機,和手機的感情遠比家人更深,加上遊戲演化到成癮性極高,幾乎要佔去孩子天生對學習的興趣。

帶著過往腦袋的父母勢必難以面對這些從未有過的景況，只有一條路可走：「父母繼續學習，讓自己成為教養專家！」就算沒辦法成為教養專家，退而求其次，如果孩子是寄宿在家裡的外國背包客，你會罵他嗎？如果他是你的公司客戶，你會這樣對他嗎？不會的，至少你對陌生人仍保有基本禮儀，客套話不會少。所以，並沒有父母想像中的難，真的，只要把孩子當「陌生人」就好！

3.花時間了解孩子的想法

到了第三步驟，還不是父母講話的好時機，仍是男女主角，也就是孩子講話的時間。父母可以這樣問：

➡ 「今天為什麼想玩到這麼晚？」

➡ 「你真的很想玩這個遊戲，為什麼呢？」

➡ 「我們非常想知道你認為我們很離譜的原因？」

即使父母心裡不認同孩子做法，仍要表現想了解的熱誠，孩子會感到被了解，信任感就可以建立。兩方溝通的頻道對上了，就能開啟對話。反之，若父母急於控制孩子，將陷入「父母追、孩子逃」的心理遊戲，導致孩子放棄溝通，甚至開始隱瞞、說謊、欺騙，那就是非常艱困的議題了。

4.同理孩子的想法，肯定好的部分

當孩子沉迷網路遊戲，父母把全部目光都集中在他的不好：遊戲成癮、失去自我控制、成績差又不努力……仔細想想，孩子真的這麼「一無可取」嗎？

孩子一定還有許多優點，只是父母不再看到了。因此，我建議父

母要同理孩子、肯定孩子：

➡ 「你想要玩更多遊戲，這我能夠體會。」

➡ 「你喜歡玩這款『英雄ＸＸ』遊戲，表示你有一顆想當英雄的心！」

➡ 「你跟其他玩家一起合作，發揮團隊精神，把線上遊戲打好，這說明你是有情有義的！」

➡ 「事實上，你能夠對一件事情很熱衷，投入體力精神，甚至犧牲了睡眠，這是你一直以來的優點！」

但是上述這些肯定孩子的話語，來到診間的許多父母往往說不出口。因此，我問他們：「請你回想這一個禮拜，對孩子講的十句話語中有幾句是負向的？有幾句是正向的？」

父母聽了為之語塞，他們並非不知道答案，而是心知肚明自己是「十句負向、零句正向」。

父母懂得表達同理與肯定，對於網路成癮孩子內心「愛的沙漠」來說，勢必是「久旱逢甘霖」！所以，別再把孩子當仇人了！

5.開放討論，再提出建議

有些父母抱怨：「為什麼我講的話，孩子都聽不進去？」

因為孩子不信任父母，遂用對立反抗來面對父母的好建議。這就是為什麼要讓討論有效，得要有前四步驟。

父母可以這樣和孩子討論，原則是讓孩子先說，忍住自己的想法，到最後才委婉地表達：

➡ 「你覺得幾點去睡，對自己是最好的？（讓孩子先說…）

我建議你晚上十一點就上床，有了充足睡眠，隔天心情會

很好。」

➡ 「你覺得給自己多些時間念書重要嗎？（讓孩子先說⋯）
雖然，現在念書很辛苦，但是基礎打穩了，擁有一技之長
或學識，是爲了以後在職場上擁有更多選擇權。」

6.保持耐心，逐步建立現實感

父母不應害怕爲孩子設限，因良性的壓力是孩子成長的契機，讓
他們逐步適應學校與社會的現實。來到這個階段時，父母可以問：

➡ 「真的要這樣下去嗎？你想一想，我們明天繼續討論。」
➡ 「這樣下去，你可能壓力會更大，我們一起想辦法。」
➡ 「怎樣才能在遊戲和學校課業之間取得平衡點？你需要好
好想想。」

每天給予適度的壓力，終能發揮「滴水穿石」之效，讓孩子自己
開始思考。

有些父母受到挫折後，放棄了努力，安慰自己：「至少他是在家
裡打電動，沒有出門做壞事！」

這樣「自生自滅」的心態對孩子絕對百害無一益！甚至會讓孩子
的網路成癮、社會退縮、家庭暴力與行爲問題愈演愈烈。

面對叛逆的網癮青少年

我曾遇過一位高中男生沉迷網路遊戲，一回家就瘋狂打到半
夜，根本不讀書，隔天不是遲到，就是曠課。父母念過、罵過、
斷網過都沒效。有一回爸爸衝動地動手了，自此他不發一語，和

父母親陷入冷戰，曠課更多了。父母既擔心又懊悔。

三年後，他卻考上某國立大學不錯的科系。為什麼？

原來，他在家裡故意不念書，在學校卻把握時間念書。他一開始就有戒癮的動機，但經歷太多次親子負面對話，感受不到父母的尊重，更不想被父母控制，既然講什麼都沒用，他就用冷戰與叛逆，間接表達自己的憤怒。

雖然這是少數案例，但父母若能一開始就用六步驟正向溝通法，孩子應該不至於付出可觀代價，就可以有更好的表現吧！

認識動機式晤談

透過六步驟正向溝通法，擁有互信的親子關係，當父母鼓勵孩子接受進一步輔導或治療時，孩子才會願意和專業人員見面。只要孩子有動機，就是成功的一半。

不過，遊戲成癮者的行為模式就像吸菸者。儘管家人每天勸戒菸，但「快樂似神仙」的吸菸者會說：「讓我抽完今天最後一根菸吧，或者說這小時的最後一根菸。」每天戒菸，連續戒了二十年，還是沒有成功。

相反地，也有吸菸者抽了二十年的菸，一天家人提醒：「是不是該戒菸了？」他想了一下，就決定戒菸，一戒也能二十年不抽菸。這究竟是怎麼回事？

原來，兩類吸菸者最大的差別，是動機。前者有戒菸動機，後者沒有戒菸動機。

網路遊戲、吸菸、喝酒，這些可能成癮的潛在行為，在民主國家是受法律保障的基本人權，當事者隨手、隨時可取得，任何勸說都

沒有強制性，親友與醫療人員更無法用強制行為限制。所以要戒除癮頭，除非是當事者認知需要幫助、主動求助，否則別無他法。

一旦當事者踏出求助的第一步，醫療或輔導人員會透過有技巧的談話，提升孩子戒癮的動機，這套方法稱為「動機式晤談」。這裡先簡單描述治療師如何使用四個技巧來指引孩子，下一章會有更詳細說明。

這四個談話技巧，稱為 OARS，分別是：開放式問句（openended questions）、給予肯定（affirmation）、反映式傾聽（reflective listening）、摘要（summary）：

技巧一、開放式問句

治療的主角是孩子，而不是治療師，任憑治療師講得口沫橫飛，孩子如果只是聆聽，是毫無效果的。治療者常犯的錯誤就是「封閉式問句」，例如：「遊戲是不是很好玩？」

孩子回答「是」，然後就不想講話了。

如何讓孩子自己說出來？用開放式問句。可以這樣問：「你都玩哪些遊戲呢？」讓孩子有機會天馬行空地描述，一方面思考自己的遊戲經驗，一方面積極參與對談。治療師保持好奇心，詢問孩子：

➡ 「你上網的習慣如何？」

➡ 「你看哪些內容？」

➡ 「你玩哪些遊戲？」

➡ 「你喜歡玩哪些？不喜歡玩哪些？為什麼？」

➡ 「網路（遊戲）帶給你什麼改變？」

➡ 「如果可以，我想聽聽看，你對於來這裡跟我講話，有什麼想法或感受？」

保持好奇心，向孩子學習

孩子在遊戲上廢寢忘食（而非熬夜念書），說明了遊戲豐富的次文化經驗。治療師不見得有過網路成癮（若網路遊戲沉迷，也難以成為治療師了！）但每次和孩子談話，都是向他們學習次文化的寶貴機會。治療師可以開放地請教孩子的遊戲內容：

► 「你已經打到什麼等級？」
► 「你有哪些角色？」
► 「你在哪些聯盟或部落嗎？」
► 「你的部落狀況怎樣？」
► 「你一個禮拜參加幾次戰役？你都什麼時候打？」

技巧二、給予肯定

人不會因為責罵而改變，卻會因為鼓勵而轉化。

在華人文化中，面對孩子不受教時，父母總是習慣性地責備，反而讓孩子更躲回網路世界，形成成癮的溫床。治療師的目的就是提供孩子「矯正性的情緒經驗」，在談話中尋找蛛絲馬跡，加入「置入性肯定」：

➡ 「你能夠打到這種遊戲等級，實在太厲害了！」
➡ 「你這樣還能考中上的成績，真教我刮目相看，怎麼辦到的？」
➡ 「你願意跟我談網路遊戲，已經是不容易的決定。你跨出了一大步！」

➡ 「你能夠處在這種壓力下這麼久，卻沒有被擊垮，真是不簡單！」

在談話中，治療師持續肯定孩子在真實生活中的表現，以及為了戒癮而付出的努力：

➡ 「你為班上同學的付出，有很大貢獻！」

➡ 「我感覺你真的是很特別的學生，因為……」

➡ 「太好了！你怎麼辦到的？」

➡ 「如果最愛你的奶奶看到你現在的努力，會怎麼稱讚你？」

➡ 「如果我問你最要好的朋友，看到你的努力，他會跟我說什麼？」

 ## 認識「重構法」技巧

　　有些有網癮的孩子明知故犯，態度惡劣，讓治療師很難找到可以肯定的地方。來自家族治療的「重構法」（Reframing），能凸顯與家人一起努力的良善動機，避免破壞性的溝通方式。

　　情境一、孩子沉迷遊戲，遭指正時還跟父母嗆聲。

　　治療師可以「重構」為：「我看到你很努力，一直嘗試跟父母親溝通自己的想法，雖然結果不如預期。」

　　讓孩子看到嗆聲不可取，但想和父母親溝通的心態值得肯定。好好珍惜這份心，溝通總有機會成功。

　　情境二、孩子沉迷遊戲，爸爸火冒三丈，以嚴厲口語威脅。

　　治療師可以「重構」為：「我看到你很用心，即使結果不如預期，你仍然不放棄和父親溝通自己的想法。」

> 也要肯定父母和孩子溝通的初衷，才有機會改善溝通技巧。
>
> 情境三、孩子接受治療期間，沒有任何改變。
>
> 治療師可以「重構」為：「雖然事情沒有改變，你還是持續嘗試努力。」
>
> 情境四、孩子成為學校的問題人物，一天到晚被申訴教訓。
>
> 治療師可以「重構」為：「過去幾週，你被迫要和很多大人談話，很無奈。如果可以，我們討論看看怎麼樣把主控權拿回來。」

技巧三、反映式傾聽

許多家長與老師開口關心數位世代時，發現孩子只有三種反應，我描述為「三無」反應：「無」言以對、面「無」表情、「無」動於衷。這也是從言語、表情到內心的一首三部曲，反映出青少年：不會說→不想說→不用說的普遍心理。

這時治療師得「戒急用忍」，不要太快給出建議，最好保持適度沉默，鼓勵孩子多想、多講。

在心理治療過程，治療師講得多比較好？還是講得少比較好？

答案是後者。因為，這代表孩子講話的時間多，參與程度深，能培養動機。治療師談完反而覺得精力百倍，代表認真「傾聽」，講話不多反而是好的治療。

相反地，若治療師談完，感到畢生功力已經灌注到孩子身上，自己快虛脫了，可能是「建議」給太多，治療容易失敗。

那麼，什麼是「反映」呢？就是治療師將自己所聽到的孩子想法與情緒，反映回去。有以下幾種反映方式：

➡ 簡單反映：「聽起來，你壓力真的很大。」

所反映的與孩子講的大致相同，主要表達興趣，讓話題延續。

➡ 複雜反映：「爸媽誤解了你，似乎讓你更感挫折。」

點出孩子話中的意涵及隱藏的情感，傳達支持與接納，一起探索沒有察覺的感受。

➡ 放大反映：「你寧可不吃不喝，也要打電動。」

刻意誇大孩子話中不適切之處，思考所講是否合理，鬆動原先固執的想法。

➡ 兩面反映：「一方面你想要上學，另一方面你又想待在家裡打電動。」

對於孩子的兩難矛盾，治療師傳達出自己完全能夠理解：一方面，接納不願意改變的想法，另一方面，也強化了想改變的內在聲音。

➡ 隱喻：「聽你這樣說，我想到一個故事，不知道你有沒有興趣聽聽看？」

透過治療師的故事分享，激起孩子的好奇心，對照自己的生命情境，產生新的感覺與想法。

技巧四、摘要

治療師將孩子所表達的想法，重點式整理，強調並且聚焦，做為邁出下一步治療的紮實基礎。

➡ 「我把剛剛聽到的整理一下……」

➡ 「……我的了解對嗎？」

➡ 「……我有沒有遺漏什麼？」

➡ 「……我有什麼地方需要修正？」

➡ 「……針對我這樣的理解，不知你的看法如何？」

摘要時，可以應用前述的「兩面反映」，呈現孩子矛盾與抗拒：

➡ 「雖然你……，但我也聽到你……」

➡ 「一方面，你……，另一方面，你……」

➡ 「一部分的你……，但另一部分的你……」

➡ 「我聽到……，但我也聽到……」

期待故事中那個一直處在負面「投射性認同」的游曦，能在父母的「六步驟正向溝通法」，以及輔導專業人員的「動機式晤談」下，走出網癮的心理陰霾！

張醫師的小叮嚀

六步驟正向溝通法：
- ▶ 忍住擔心，避免當面質問或指責
- ▶ 表達關心，讓孩子感受溫暖
- ▶ 花時間了解孩子的想法
- ▶ 同理孩子的想法，肯定好的部分
- ▶ 開放討論，再提出建議
- ▶ 保持耐心，逐步建立現實感

動機式晤談四技巧：
- ▶ 開放式問句
- ▶ 給予肯定（包含「重構法」）
- ▶ 反映式傾聽
- ▶ 摘要（加強運用「兩面反映」）

手機成癮
善用「動機式晤談」，
強化改變動機

近年行動上網技術大突破，智慧型手機席捲家庭、學校、公司行號，打破了上學、上班與上網的界線，特別是手機遊戲與社群媒體，二十四小時不間斷地誘惑著主人，不知不覺中，沉迷手機的人比沉迷桌機線上遊戲的人更多了。

螢幕管理應用程式 Moment 開發者侯樂許（Kevin Holesh）發現：用戶每小時拿起手機三次，一天平均滑三十九次。近九成一天花超過一小時在手機上，每天平均花三小時滑手機，佔清醒時間的四分之一，每個月滑將近一百小時，用平均壽命換算，等於是一輩子花十一年滑手機！

此外，美國 Lookout Mobile Security 大規模智慧型手機使用調查也指出：六成人無法忍受超過一小時不查看手機，五成四躺在床上也會查看手機，三成九在浴室仍會查看，三成在和人用餐時也會查看。

學界已在關切智慧型手機成癮（smartphone addiction）的問題。美國馬里蘭大學研究發現，只是讓大學生二十四小時不碰智慧型手機，他們就不約而同表示：

➡ 「我簡直快得恐慌症了！」

➡ 「我五分鐘就摸全身的口袋一次，要找手機出來。」

➡ 「我覺得我好像在吸毒，要品嚐數位毒品的味道。」

➡ 「我就像吸毒者，已經上癮了，媒體就是我的毒品。」

年輕上班族也是如此，且看以下故事。

網路心理極短篇：我不幹了

念完五年護專，通過考試，終於拿到護理師執照。小竺約我到學校附近的便利商店聊天。

「恭喜妳順利考上！妳才二十歲，就已經有證照，可以賺錢了。我沒考上，得去念二技，繼續考下去，不知道還要念幾年書啊……煩死了。」我的同學小竺說。

「考上我也很意外，我那家補習班的模擬考題，很多都考出來，運氣太好了！」我說，隨即低頭滑手機。

「汪首姬，妳抬頭看一下我。妳不知道妳有多幸福，真是人生勝利組！妳看，上禮拜和我們聯誼的○○科技大學男生，現在才大三，還要再念碩士和博士，如果跟他們交往，還要靠我們養……ㄟ，妳接下來有什麼打算？」

滑過十幾頁社群媒體，我突然想到小竺在跟我講話，抬頭要她重講一次。

「妳問打算喔？我啊，明天就要去火車站附近的××皮膚科上班。聽說那家生意不太好，這代表很輕鬆，我才想去應徵。大概他們很缺護士吧，我一應徵就上。」我回答完，突然想到一件事，迫不及待低頭，連進一個大型購物網站，今天舉辦瘋狂搶購節。

「妳也太拼了，不休息兩個月。妳不是說不玩手機就活不下去？

妳不是很愛打『舞×四射』手遊嗎？晚上玩通宵，白天上課又偷打，常被老師沒收，爸媽抱怨妳太離譜又管不動……這下妳可以光明正大，連打個六十天六十夜了！乀，首姬，妳到底有沒有在聽？……難怪，大家都不想理妳！」小竺抱怨地說。

我終於找到想買的寶貝，只剩兩件了！我得趕快確認自己的紅利點數、購物金、生日優惠卷剩多少，要不然……咦？小竺怎不見了？約我聊天，結果自己竟然先走！

上班第一天，早上九點沒病人，醫生正盯著電腦螢幕，滑鼠點擊聲在診間裡還有回音。我看他四十幾歲，戴著口罩不講話，不知他今天心情好不好？管他的，我先滑個臉書。剛兩分鐘沒滑手機，我就覺得要抓狂。

過了十分鐘，來了個五十歲左右的女病人，她額頭和脖子好幾顆咖啡色、表面粗糙的突起物，醫生說這是病毒疣，叫我幫她點三氯醋酸藥水。

我用牙籤沾了藥水，往下巴用力戳下去。醫生在我身後大叫：「不是點那裡，是額頭啦！」

我迅速把牙籤戳向她的額頭，醫生又叫：「是左邊，不是右邊。妳到底有沒有認真看？」

女病人狠狠地瞪著我。這時，醫生搖搖頭，把牙籤拿過去自己點。趁醫生幫病人點疣，我瞄到手機快沒電，完了！我得趕緊找插座充電。真要命，竟然找不到。我往桌腳一看，有個延長線插座都滿了，我拔出一個插頭，把手機充電器插進去。

過了三分鐘，醫生處理完病人，開始念我：「妳個性也太急了吧！沒看清楚疣長在哪，就把牙籤戳過去，妳不知道藥水有腐蝕性嗎？」

他一坐回電腦前，發現螢幕消失，地板上還有我的 Hello Kitty 造型充電器，大罵：「汪首姬！護理長沒跟妳說上班時不能玩手機、也不能在診間充電嗎？」

我回嘴：「為何我不能玩手機？不玩我會很焦躁不安、發脾氣、會抓狂，這樣我怎麼工作？」

醫生誇張地搖頭，哀怨地說：「為什麼現在找到的人都這副模樣？」

他嘆一大口氣，離開診間了。去上廁所吧？

我看四下無人，內心一股強烈興奮感，馬上登入我最愛玩的「舞×四射」手遊。這次，我選十六歲美少女戰士的角色，她有著黃金長髮、穿著桃紅色比基尼舞衣。

我看到玩家 Alex 也在手遊裡面。他棕髮披肩，身穿白色及膝燕尾服，淺藍色牛仔褲，肩上背著一隻電吉他。他是英國人，因為喜歡台灣流行音樂，所以玩這個遊戲。

我們很有默契，馬上跑到城堡五樓邊最隱密的小房間裡，緊緊相擁地跳舞，舞力全開。我兩隻大拇指快速按壓舞者身旁冒出來的圓圈，五分鐘可以跳完一支舞，積分累積可以換更炫麗的舞衣。這次和 Alex 尬舞的結果，我贏了，Alex 高興地親了我的臉頰。

這時，我「老公」Mike 突然闖進房間，大罵：「又被我看到劈腿，妳這個賤人！」

他每次都這樣，看到我和別的男生跳舞就大發醋勁。

上禮拜，我和 Mike 大吵，在手遊裡辦了第四次的「離婚」，可是昨天晚上他又拿了昂貴的遊戲寶物，跑來跟我求婚，我情不自禁地接受他的懺悔，結了第五次婚。

其實，Mike 之前也是第三者，我更久之前的前夫是 Bryan。

不過是個遊戲嘛！Mike 幹嘛吃醋成這樣？我想到「退遊」算了，但我很猶豫，怕 Mike 在手遊論壇裡造謠中傷我，影響 Alex 對我的想法，甚至發動網路肉搜，到診所來綁架我……

突然，醫生帶著一位女病人推門進來。他聽到我放出來的手遊音樂，大怒：「汪首姬，我已經說過很多次了，尊重看診病人的權益，請妳把手機收起來！」

我立刻收到口袋裡，趁他跟病人講話，又趕緊把手機拿出來，傳簡訊給 Alex：「妳才是我最愛的男人，幫我把 Mike 趕走！」

奇怪，怎麼沒螢幕了？太巧了吧？是剛剛沒充夠電？是電池壞掉？還是手機壞掉？手遊裡面的玩家都消失怎麼辦？Alex、Mike 想找我卻找不到我，怎麼辦？

我慌張到快抓狂，肚子開始翻攪劇痛，腸躁症又發作了。來不及跟醫生講，就直接衝去上廁所。

打開廁所，護理長就站在我面前。她氣急敗壞地說：「妳為什麼擅自離開工作崗位，找不到人？為什麼沒有抽好消痘針，害醫生剛剛要幫病人打針沒得用？」

我頭快爆了，對著她咆哮：「你們才離譜，我手機壞了，不知道該怎麼辦，妳知道這有多痛苦嗎？如果我沒有手機，我就沒辦法正常工作！而且，為什麼我上廁所也要跟你們報備？這樣的話，我一不一幹一了！」

我瞄了醫生一眼，看不到他口罩底下的表情。他不點頭也不搖頭。

我想，他也希望我走吧？那我就走！

我迫不及待離開這個鬼地方，猛抬頭一看時鐘，工作還不到一個小時，他們會把鐘點費付給我嗎？不管那麼多，反正，我不幹了。

我只有狂愛我的手機、手遊和 Alex。我只想找家手機修理店，用最快速度重新登入「舞×四射」。

Alex 讓我人生第一次有談戀愛的感覺，我直覺他就長得像遊戲裡的角色，如此完美的男人，我彷彿聽到他純正的英國腔，也許下個月我就嫁到英國去……

張醫師的診療室

像故事女主角汪首姬，許多上班族在工作期間不適當地用手機打電動、滑社群媒體、上購物網站，從事和業務無關的網路活動，無法自我控制，明顯危害到職務本分，損及公司權益，也讓同事成為受害者，更拖垮企業競爭力，主管也很困擾，祈禱她早日離職。

好友小竺好心邀她出來，她不尊重對方感受，人家講話她滑手機，最後還怪罪對方撇下她不管。她沉迷玩手機，危害到人際關係，當好友愈來愈少，她就愈迷戀手遊中的網友，陷入愈淺層而不穩定的網路人際關係。她發現自己不能沒有手機而活，一天比一天更焦慮、煩躁、更容易抓狂。

汪首姬已是二十歲的成年人，父母管不著她，公司主管反而被迫成為父母，為了職場正常運作，不得不介入處理。該怎麼做呢？

主管可以私下與她及其他同事談話，詳細了解她行為的嚴重性、造成員工或客戶干擾的程度、是偶發事件還是累犯？在指出問題時，她是否毫無悔意、強辯、否認、推卸責任、欺騙？她是否展現誠意，願意就細節進行溝通，並承諾作出明確改變？她願意投入多少時間或金錢，來改善問題行為，並接受手機成癮治療？

智慧型手機成癮的特徵

智慧型手機成癮又稱問題性手機使用（problematic smart-phone use），指過度沉迷於智慧型手機活動，達到失去自我控制的程度，導致主觀困擾，或明顯危害到學業、工作、人際角色功能。

很重要的概念是：常常查看智慧型手機、用手機時間長，不一定等於手機成癮。林煜軒醫師、我與研究團隊成員發現，達到符合智慧型手機成癮（smartphone addiction）者需有四大特徵：

1. 強迫行為：常會拖拖拉拉很久，才能離開使用智慧型手機；使用的時間超過自己原先的預期；多次無法控制使用智慧型手機的衝動；即使知道已對自己造成生理或心理的問題，仍持續使用。

2. 戒斷症狀：在一些不能使用智慧型手機的情境，如嚴格要求不能用手機的課堂或會議中，感到明顯不舒服；當手邊沒有智慧型手機時，產生鬱悶、焦慮或生氣等負面情緒。

3. 耐受症狀：花費愈來愈多時間，或愈來愈頻繁在使用或停止使用智慧型手機上。

4. 功能危害：在一些不應該使用智慧型手機的場合中，像是開車、騎車、操作危險工作儀器，仍會忍不住使用。

明顯地，女主角汪首姬有上述多數特徵，但要達成診斷，仍需要醫師詳細評估。

根據我們的研究，智慧型手機成癮的行為特徵，較接近一般性的網路成癮，因為手機裡面含有多種 App，應用程式。如果是手機遊戲成癮，也可能歸類於網路遊戲障礙症或遊戲疾患（gaming disorder）。

其實，相較於桌上型或筆記型電腦，智慧型手機的成癮性毫不遜色，對某些患者來說甚至是更嚴重的。爲什麼？

第六章〈網路的性〉中曾提到「3A 引擎」，手機上網有著高度便利性，學生不用發揮自我控制力，忍到電腦課、泡到電腦教室或宿舍才能上網，上班族也不再需要和同事搶公用電腦，或忍到回家才能用。每個人隨時、隨地、隨心所欲，皆可上網，於是，再怎麼引以爲傲的自我控制力，也跟兒童青少年一樣，都拋到九霄雲外了！

哪些人容易智慧型手機成癮？

根據研究，智慧型手機成癮和以下危險因子有關：使用時間較長、年紀較輕、憂鬱症狀、高焦慮或人際焦慮、較沒自信心、衝動控制不佳、性格開放性低（比較實際、興趣少、缺乏好奇心）、情緒穩定度差、較不負責任的個性等，這些也大多是汪首姬的心理特徵。

南韓精神科醫師崔山旭（Sam-Wook Choi）博士等人針對大學生進行手機成癮與網路成癮的調查，分析其危險因子與保護因子與成癮的關係。其中，保護因子出自正向心理學派的概念，強調性格優點（character strength）、復原力（resilience）。他們發現結果如下：

表三

	手機成癮	網路成癮
危險因子	女性、連網、焦慮、有喝酒習慣	男性、用智慧型手機、焦慮、智慧與知識
保護因子	憂鬱、節制	勇氣

我們再次看到，汪首姬是女性，使用連網手機遊戲，確實較男性更容易成為手機成癮者。手機上的小遊戲、社群媒體與劇情片格外受女性青睞，而男性較傾向用電腦玩大型線上遊戲。此外，她焦慮度高，且較缺乏「節制」的性格。

崔山旭博士的研究也發現，女大學生通常習慣在酒吧或夜店喝酒時，頻繁使用手機來聯繫友誼，可能成為手機成癮的危險因子。相反地，憂鬱可能代表社交退縮，呈現在少用手機上面。

有趣的發現是，智慧與知識是男性網路成癮的危險因子！這代表好奇心與學習動機雖是性格優點，熱愛在網路遊戲征戰，但也可能讓男性迷不知返，需要發揮其他性格優點，才能取得平衡。

研究證實了性格優點與復原力，特別是節制（代表能夠控制不計後果使用手機的衝動），以及勇氣（代表不會被動地面對壓力而主動迎戰），能減少成癮問題。在預防與輔導的過程中持續強化，應能發揮可觀效用。

相關研究也指出，較不容易出現智慧型手機成癮者具有以下性格：性格開放性強（有好奇心、願意嘗試新事物、有想像力、創造力）、情緒穩定度高、認真盡責。

戒除手機成癮非易事

有事滑手機，沒事滑手機；壓力大滑手機，沒壓力也滑手機……手機就像個忠誠的僕人，守候身旁二十四小時，不斷向我們擠眉弄眼，「招之則來，呼之則去」，誰能夠像關公「坐懷不亂」？

假設想戒手機癮的你把手機放在桌上，一個上午，你已經「不小心」瞄到它一百次了，也成功地運用鋼鐵般的「意志力」抵抗了一百次，那麼，第一百零一次呢？

恐怕你顧不了那麼多，就瘋狂追劇吧！

難怪老子早已明勸：「不見可欲，使民心不亂。」最好把手機關機，然後再藏起來，不要出現在自己的視線裡。

我曾在診間遇到一位高中一年級男生，他有手機遊戲成癮。老師上課規定不可以把手機出來玩，他就放在抽屜。但他告訴我：「我整堂課都可以看穿桌面，看到裡面的手機遊戲正在進行……」

戒手機癮真不容易！

「巴甫洛克」電擊手環的啟示

許多家長問我：「到底手機成癮和遊戲成癮，有無速效的治療方法？科學家有沒有發明戒癮仙丹呢？」

答案是：「有！」

史丹福大學畢業生馬內什・塞西（Maneesh Sethi），坦承罹患嚴重的「臉書上癮症」，為了根治網癮，曾想過請美女搧耳光等奇怪做法。

最後，他發明出「巴甫洛克」（pavlok）電擊手環，通過藍牙連接用戶的手機，感知行為和位置，再用電擊提醒用戶改掉壞習慣，「戴上這個手環後，當你伸手去拿手機時，它就會電擊你。」「巴甫洛克」是向發明條件反射制約的俄國心理學家巴甫洛夫（Iran Petrorich Pavlov）致敬。

由於是加裝手部感應裝置，因此連抽菸、挖鼻孔、咬指甲、拔頭髮、購物狂等「壞習慣」，都能偵測並且施予電擊，也能監測使用者有沒有按時向健身房報到，或是每天有無走完一萬步。

它可以作為鬧鈴，早上震動時若按兩次貪睡鍵，想要賴床，就對主人施以 150 伏特電擊。

根據報導，它還能在偵測到用戶偷懶時，透過臉書與 App 通知親友，親友團就能紛紛按鈕電擊你。塞西用了「巴甫洛克」幾個月後，成功減肥十四公斤！

塞西曾說：「雖然很多人無法接受用電擊改變負面行為的辦法，但是這個手環的刺激對我真的很有效。」

發明人自己是最大的受惠者。我相信電擊手環是速效，問題是你想戴嗎？孩子想戴嗎？任何手機與遊戲成癮者會想戴嗎？

戴了幾天，然後丟到垃圾桶，應該是這款手環的命運。

那麼為什麼塞西可以成功戒癮，關鍵原因其實是：動機。

善用動機式晤談

身為輔導或醫療專業人員，面對手機成癮的故事女主角汪首姬，該如何協助呢？

動機式晤談（Motivational interview）是由兩位心理學家威廉・米勒（William R. Miller）與史蒂芬・羅尼克（Stephen Rollnick）所發展的治療模式，奠基於人本主義心理學大師卡爾・羅傑斯（Carl Rogers）的核心治療概念：**同理心、真誠一致、積極回饋、無條件積極關懷**，幫助個案化解抗拒、協助做出改變，也提供指導性、直接的、有方向的架構，成功用於克服成癮行為戒除前的心理衝突。

改變的六大階段

首先要了解：個案有沒有戒癮的動機？

答案不是「有」或「無」，而是有六種答案，即「動機」的六種程度：

➡ 懵懂期：自己不覺得有癮，不需要改變。

➡ 沉思期：自己覺得有點問題，考慮改變，但還沒有決定。

➡ 決定期：有決定改變的想法，但還在想怎麼改變，尚未付出行動。

➡ 行動期：開始採取改變的初步行動。

➡ 維持期：努力維持改變的行動，以及新的生活型態，而非三分鐘熱度。

➡ 復發期：再次出現成癮行為，回復之前的問題。

了解這六種動機程度，幫助治療師在看到手機成癮的案主時想到：也許他在「沉思期」，在矛盾中掙扎，需要理解與鼓勵；也許

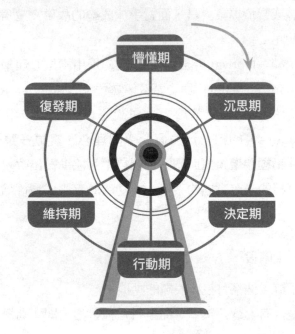

圖 1｜改變的摩天輪

他在「決定期」，決定要戒癮卻拿不出行動，需要推一把。

以戒菸爲例，在真正戒掉煙癮之前，案主要在「改變的摩天輪」繞上三到七次，平均爲四次。但治療師會告訴案主：「每跌一次跤或復發一次，你離康復又近了一步！」

改變的對話

治療師透過聆聽個案的言語，辨別改變的對話，了解其動機強烈程度。動機由弱至強的口訣爲 DARNCT：

➡ 期待（Desire）：「我希望戒癮。」

➡ 能力（Ability）：「我可以戒癮。」

➡ 原因／理由（Reasons）：「我想要戒癮，因爲……」

➡ 需要（Needs）：「我需要戒癮。」

➡ 承諾（Commitment）：「我答應要戒癮。」

➡ 行動（Take Action）：「我不計任何代價，一定要戒癮。」

事實上，個案多數不了解動機有這麼多層次，親人看到個案手機上癮，就認定「鬼迷心竅」沒救了；家長可能衝動地對個案咆哮，破壞了信任關係，導致個案抵死否認自己上癮，更不願意來接受心理治療，又隱瞞又欺騙。

動機式晤談四原則

當個案走進會談室，治療師進一步應用動機式晤談四原則，增強個案戒癮動機，包括：

1. 表達同理心：治療師以個案爲中心，接納他們的想法，但不一定同意。

2. 創造不一致：協助個案感受目前行為，和自己所期待的理想有落差，透過聚焦並擴大後，產生改變的動機。

3. 與抗拒纏鬥：個案常會否定問題的嚴重性、固執地不想改變，治療師視此為正常反應，有耐性地持續討論。

4. 支持自我效能：治療師相信個案終究有能力解決自己的問題，有信心引導他們實現未發現的能力，成功地改變。

此外，動機式晤談有幾個階段：

階段一、融入

手上讓你繳得頭痛的那疊保單，當初怎會簽下的？

你回想兩年前，那名親切的業務員在公園碰到你時，第一句話就讚美你：「你養的拉布拉多犬，可以去參加選美了！」

你很開心遇到知音，就聊起養狗經，過了半小時，她熱心地告訴你：「我最近保了幾張 C／P 值超高的保單，不只是保障，更是投資，很多人都不知道，我自己有學『高階保險學』才知道，我是跟你很投緣才想講……」

然後，你興沖沖地簽下那一疊保單，現在卻因為保費繳得痛不欲生。

看到了嗎？為了提升你掏錢的「動機」，「暖場」多麼重要，根本是成敗的關鍵！

相形之下，治療師看到手機（或網路遊戲）成癮者進門，劈頭就問：「某某說你有手機成癮，你覺得自己有嗎？」

他要嘛就說「沒有啊」，要嘛就說「不知道」，讓治療師碰釘子，治療因此邁向失敗的命運……其實，當事者如此反應也不奇

怪，很正常嘛！

治療師應從案主感興趣的生活話題來切入，包括：外貌髮型、穿著打扮、學校生活、工作狀況、休閒活動、健康狀態，或是學業壓力、人際困擾、家庭衝突等，這些層面和網路成癮都有潛在關係：

➡ 「你怎麼過來的？這邊好找嗎？」

➡ 「誰陪你來的？他現在人呢？」

➡ 「中午吃過了嗎？在哪邊吃？」

➡ 「你這髮型太好看了，在哪邊剪的？」

➡ 「你這套衣服很漂亮喔！有沒有自拍上傳到臉書？」

➡ 「你今天看起來有點累，怎麼了呢？」

暖場之後，就能夠「開場」了：

➡ 「今天是什麼原因讓你來這裡呢？」

➡ 「你希望我怎麼幫助你？」

➡ 「你希望生活有什麼改變？」

➡ 「如果事情改善了，你的未來會有什麼不同？」

➡ 「如果問題解決了，你的好朋友會發現你有什麼不一樣？」

非自願個案的會談

手機（或網路遊戲）成癮的兒童青少年，常是被父母或親友強迫過來。當面對非自願的個案，要如何開場呢？

▶ 「你的老師（父母）擔心你上網的狀況，所以希望我和你聊聊。在開始談之前，我想知道你對這次會談的想法。」

> ▶ 「看起來是老師（父母）要求你過來，你並不覺得有需要。在弄清楚怎麼回事之前，我想先了解你的想法。」
>
> ▶ 「開始討論之前，你有什麼想問我的？你最大的期待是什麼，才不會覺得白來一趟？」
>
> ▶ 「如果談完真的對你有幫助，你離開這裡時，會有何不同？」
>
> ▶ 「過去幾週裡，你幾乎所有時間都周旋在你無力控制的情況之間：訓導處、輔導室，甚至來我這裡。如果可以的話，我們希望把情形倒轉過來，看看要怎麼做才能把控制權拿回來，也唯有這樣你才能感到生活上有自主性。」

階段二、聚焦

治療師並不預設議題，以案主自己最想談的為主。也許他還不想談網路，但願意談談和同學或同事的相處、和家人的衝突，或和網友的糾紛，這都代表治療已經開始。治療師可以問：

➡ 「你想談什麼事呢？……還有呢？……再來？」

➡ 「在這些事情中，你最想優先討論哪個？」

順藤摸瓜，若議題牽涉上網，可以開始詢問上網情形：

➡ 「你上網的情形如何？對你有什麼影響？」

➡ 「上網的時候，和別人比起來，你覺得自己屬於哪種型的？」

若個案講得少，可以探索他「典型的一天」，讓他有說話機會：

➡ 「從早上起床到晚上睡覺，你是怎麼度過一天的？」

➡ 「你說一睜開眼睛就滑手機，可以多說一些嗎？」

➡ 「在學校的時候，你怎麼過？」

➡ 「晚餐，你通常在哪裡吃？」

➡ 「你什麼時候睡覺呢？」

量尺問句技巧

　　為了讓談話能更具體，增加案主對問題的覺察能力，開啟更深入的對話，可以多運用量尺問句，例如：

▶ 「關於調整上網這件事，0 分表示不重要，10 分表示非常重要，你會打幾分？」

▶ 「說說看為什麼？」

▶ 「上次你說是3分，是什麼原因讓你現在改成 7 分？」

　　大多數時候，案主並不會說 0 分或 10 分，而是介於兩者之間，顯示出案主是處於矛盾情境中，內心的一股聲音說：「繼續玩吧！」另一股聲音說：「今天夠了吧！」

　　動機式晤談，是去接納案主心中明確的兩難，強化想要改變的那股微弱聲音。

階段三、誘發

　　案主缺乏動機，治療師應視之為正常，透過以下對話技巧，誘發案主內心微弱動機，讓它從種子逐漸發芽、長出枝幹、終成大樹。

1.直接詢問

➡ 「如果有一天，你開始調整上網習慣，會是什麼原因讓你

願意這麼做？」

➡ 「你期待怎樣的調整？」

➡ 「如果你調整得很成功，事情會變怎樣？」

➡ 「關於上網，你已經做過哪些調整？」

2.詢問生活方式與壓力

網路成癮與壓力有密不可分的關係，能夠談到案主所承受的、乃至於壓抑不想去想的壓力，代表治療邁出一大步：

➡ 「你說上網可以讓你放鬆，那麼你的壓力是什麼？」

➡ 「除了上網，你還用過哪些方式紓解壓力？」

3.先問健康狀況，再問網路使用

華人非常不擅於表達心理狀態，像是焦慮、憂鬱、憤怒等，也常迴避心理狀態的討論，因此，從身體症狀切入，是通往內心的捷徑：

➡ 「你說最近皮膚過敏愈來愈嚴重，你覺得和上網有關嗎？」

➡ 「你說睡眠不足，你覺得跟上網有關嗎？」

4.損益分析

在治療師的協助下，思考改變或不改變的好處、壞處，既是接納案主不願意改變的好處，也鼓勵他思考改變的好處，以及不改變的壞處。

➡ 「你一定有很好的理由，才會花這麼多時間打電動。說說看，打電動帶給你的好處是什麼？」

➡ 「聽起來玩網路遊戲讓你快樂，這對你有很好的影響。有

沒有『不那麼好』的影響呢？」

➡ 「關於打電動，你會擔心哪些事？還有呢？」

➡ 「如果調整上網習慣，會帶給你什麼壞處呢？」

➡ 「如果調整上網習慣，會帶給你什麼好處呢？」

表四　改變的損益分析

上網習慣	好處	壞處
不改變		
改變		

5.比較過去

案主常否認問題的嚴重度，往往說：「我同學（同事）也是這樣，他們的父母都沒意見。」

這難以求證，但話題陷在這裡就像流沙，對治療沒幫助。既然和別人比較無所獲，倒不如和自己比，案主也有未曾上癮的過去，對比之下，他能看到自己目前的問題。治療師可以這樣問：

➡ 「你現在上網，和五年前有什麼不同？」

➡ 「你這幾年上網，生活產生哪些改變？」

➡ 「這幾年來，這款遊戲造成你什麼改變？」

6.想像未來

案主迷失於眼前的遊戲，代表與過去的生命斷絕關係，更迴避了對未來的期待。透過想像未來的一系列對話，讓案主暫時跳出遊戲，以人生的大角度重新審視遊戲行為，看到改變的需要。

➡ 「接下來，我會問你一些平常不太會去想的事情。」

➡ 「如果現在的生活繼續下去，你覺得一年後的自己會變成怎樣？」

➡ 「如果現在開始改變，你覺得一年後的自己會變成怎樣？」

➡ 「如果現在的問題都解決了，你覺得一年後的生活會變成怎樣？」（這稱為「奇蹟問句」）

➡ 「試著夢想最好的未來，你覺得一年後的生活會變成怎樣？」（這稱為「水晶球問句」）

若案主一時想不到，治療師千萬不要幫他回答，寧可就此保持沉默，頂多鼓勵：「不用急，慢慢來。」

7.極端思考

將問題推到極端，讓案主看到網癮行為負面後果。可這麼問：

➡ 「關於上網，你最擔心的事情是？」

➡ 「如果繼續目前的上網習慣，都不改變，你覺得最糟糕的狀況會是？」

➡ 「你最想要有怎樣的未來？」

➡ 「如果你開始改變上網習慣，最成功的狀況會是？」

再次應用量尺問句

針對最近心情、生活滿意度的中性議題，討論調整上網是否可能帶來更正向的情緒、更好的生活滿意度。可以這麼問：

▶ 「你最近心情如何？如果很低潮是 0 分，很快樂是 10 分，你給自己打幾分？」

> ►「你對目前生活的滿意度如何？如果不滿意是 0 分，很滿意
> 是 10 分，你給自己打幾分？」
> ►「是什麼原因讓你打 5 分，而不是 10 分？」
> ►「你有多想改變？如果不想調整上網習慣是 0 分，想完全改
> 變上網習慣是 10 分，你會給自己打幾分？」
> ►「是什麼原因讓你選擇 5 分，而不是 0 分？」
> ►「能夠做什麼事情讓自己從 5 分，變成 10 分呢？」

8.提供資訊，再問想法

治療師常有衝動，想直接說出自己的建議，案主卻容易否認或辯解。但案主確實需要得到更完整的資訊，來評估自己戒癮的必要性。怎麼辦呢？可以透過他人之口詢問案主的想法，例如：

➡ 「如果我們花點時間，討論上網對健康的影響，不知是不
　　是對你有用？」

➡ 「你曾聽過，過度上網可能危害身心健康的說法嗎？」

➡ 「有些人發現，玩電玩太久，反而心情更差……你認為呢？」

➡ 「不知道你是否有興趣聽聽，和你有類似狀況的其他同
　　學，後來如何處理呢？」

➡ 「有些同學調整了上網的習慣後，覺得心情更好了。你想
　　聽聽他們的故事嗎？」

➡ 「A 同學……，B 同學……，C 同學……，不知你覺得哪個
　　比較適合你？」

9.探索人生意義

案主迷失於虛擬世界，不願意為自己的生活負責，更試圖逃避

「生命長度有限」的現實，但無常世界是不等人的。探討人生意義，可以是近期生涯規劃的討論，也可以是整體人生的存在心理議題。可以這麼問：

➡ 「你想成為怎樣的人？」
➡ 「你想擁有怎樣的人生？」
➡ 「你最羨慕的人是？」
➡ 「你的偶像是誰？以前？現在？」
➡ 「你一生中最想完成什麼事情？」
➡ 「你覺得人生最重要的事是什麼？」

並不是每個案主都願意如此思考。有些人可能要親身遭逢意外、經歷親友病故或罹癌等重大事件，才會「醒」過來。這是很正常的，治療師無法替案主而活、無法代替他／她做決定，案主的父母、親友也沒辦法。

生命的真相是：案主決定改變或不改變，終究得自己承擔結果。

階段四、計畫

治療師某部分很像父母，感覺衝動地想幫案主設下努力的目標，譬如：「本週的上網遊戲時間，目標訂為每天兩小時吧！」但這是無效的，因為並非案主自己的決定，往往缺乏行動力，甚至陽奉陰違，持續說謊。

1.詢問下一步打算

在動機式晤談中，治療師並不會幫案主決定，只有自己說出的承諾，才會真正參與，形成良性的壓力，也必須在治療師面前為自己

的承諾負責任。

➡ 「談到這邊，你感覺如何？接下來，你想怎麼做？」

➡ 「第一步，你想做什麼？」

➡ 「怎麼做，可以讓心情從╳分進步到╳分？」

➡ 「還有哪些可能的做法呢？還有？」

➡ 「哪些方法最吸引你？哪些最不吸引你？為什麼？」

➡ 「你嘗試過哪些方式，效果還不錯？」

➡ 「我們可以一起做什麼，幫助你調整上網的時間？」

2.預防復發

網癮作為成癮疾病的一種，自然要面對復發的可能性。即使案主很有決心戒癮，但壓力一大、誘惑出現，內心無聊、生活依然貧乏的現實不變，當然就會再次出現強烈衝動去打遊戲、遁入網路世界。

預先設想復發的可能性、容易復發的情境、預演可能應對方式，才能將戒癮成果持續下去。可以這麼問：

➡ 「在調整上網模式的時候，你猜猜看，有什麼事情可能會阻礙你？」

➡ 「看起來你很想一次解決問題，這樣讓我有些擔心，不知道你想不想聽聽我的擔心？」

➡ 「你說你不想再玩遊戲了，這會對你造成什麼影響？」

➡ 「你有沒有想過，若都不玩遊戲，要怎麼調適自己的生活？」

➡ 「若都不玩遊戲，你打算一天怎麼過？」

➡ 「如果突然很想玩電動，你可以怎麼做？」

3.肯定改變

動機式晤談的精髓,就是提供案主非常正向的氛圍,任何一點小進步都是,譬如:案主還是沉迷網路遊戲,但願意去外面吃晚餐,而不是躲在電腦前面吃泡麵,就是相當不錯的進步了。甚至沒有任何外顯進步,但仍持續來治療,也是進步!

➡ 「聽到你最近的改變,真是不錯的開始!」

➡ 「開始嘗試調整後,你發現生活哪裡不一樣嗎?」

➡ 「還有發現什麼嗎?像是心情如何?」

➡ 「這樣的生活改變,是你想要的嗎?」

➡ 「這個改變真不錯,你是怎麼辦到的?」

最後,總結案主的進步,運用以「你」為開始的句子,反覆重述給案主聽。強調案主可以自己選擇:「我沒辦法替你決定,最後的決定權在你身上!」

傳達你願意隨時給予支持的訊息,需要轉介時,告訴他有哪些選項,鼓勵主動出擊。

很重要的是,並非一定要案主改變,才算成功。只要改變的動機沒有往後退,甚至開始往下移動,都是很大的成功!

動機式晤談療效的終極原因

在動機式晤談中,究竟能夠致勝的根本因素是什麼?是治療師充滿智慧、既正向又肯定的話語內容嗎?

當然不是。

美國加州大學洛杉磯分校心理學家艾伯特・麥拉比恩(Albert Mehrabian)提出溝通的「7－38－55法則」,這意味著治療師的

話語內容只佔療效的 7%。重要的 38%，是案主聽到的音質、音量、速度、腔調，屬於聽覺層面；影響最大的 55%，是案主看到治療師的表情、眼神、姿態，也就是視覺層面。

有熱誠的治療師，對個案充滿期待的眼神、對他有信心的音調，所營造出「無以名狀」的正向氛圍，才是最好的治療。

無論是手機成癮、網路或遊戲成癮，旁人幫再多忙，都比不上當事者有動機來得重要。透過動機式晤談法，能減少當事者逃避、否認與抗拒，培養勇氣面對內心最脆弱的那一塊，開始做出「奈米級」的小行動，假以時日，「公里級」的改變也能成真！

張醫師的小叮嚀：動機式晤談法四步驟

階段一、融入
▶ 暖場：從案主感興趣的話題開始
▶ 開場：詢問案主對會談的期待

階段二、聚焦
▶ 確認最想討論的主題
▶ 詢問典型的一天
▶ 應用量尺問句

階段三、誘發
▶ 直接詢問
▶ 詢問生活方式與壓力
▶ 先問健康狀況、再問網路使用
▶ 損益分析

▶ 比較過去

▶ 想像未來

▶ 極端思考

▶ 提供資訊、再問想法

▶ 探索人生意義

階段四、計畫

▶ 詢問下一步打算

▶ 預防復發

▶ 肯定改變

PART

4

邁向整合的
治療策略

Q   Digital age

家庭治療
改善網癮、自殺與繭居

第9章

當網路成癮合併三大臨床狀況：自殺、暴力與繭居，會是非常挑戰的。

孩子賴在家裡打電動，說什麼就是不願意上學，父母該怎麼辦呢？到底是什麼原因，上學明明是再簡單不過的事，對一些孩子來說卻是比登天還難？

如果這時候又被父母斷網或沒收手機，氣急攻心，孩子可能出現暴力或自殺的危險行為。

他們的心路歷程究竟是如何呢？從以下故事說起。

網路心理極短篇：開學

窗簾被冷氣的風吹開縫隙，一道陽光射進我的眼睛，心揪了一下。拿下遊戲耳機，我聽到吱吱的蟬叫聲，就從樓下的森林公園灌進來，在這九月天裡，像擺了幾千支麥克風那麼大聲，是要我幹嘛？

我心裡超煩，一面抓著破皮又滲血的小腿，一面擤了五分鐘的鼻涕，快把眼球擤出來。我把一坨沾了濃稠鼻涕的衛生紙丟在桌腳，才發現衛生紙已經堆成一座雪山，要不是有點噁心，還真壯觀。我瞄到螢幕右下角的時間 07:02，想起今天是開學日。

第一天耶，去，還是不去？

想去，因為已經換了新學校；不想去，因為已經一年沒去學校，我真的能夠習慣嗎？

一年前，我國小六年級，功課困難不少。作業寫得很煩就學隔壁同學「雞排」打「俠盜×車手」遊戲，加入黑幫、偷竊搶劫、暗殺仇家、和警察槍戰，能盡情當一個無惡不作的壞人感覺特別爽。

但功課總是寫不完。「雞排」本來功課跟我都在中上，期中考我卻考不及格，他的眼神愈來愈瞧不起我，還笑我笨。

爸媽念我功課差，大姊罵我被媽媽寵壞，二姊說都是我一天打六個小時的電動害的，三姊竟然洩漏我的祕密：前一天從爸爸皮夾偷五千塊買遊戲點數。爸媽氣炸了，要斷我的網。

我還清楚記得那天，媽媽先闖進房間要搶我筆電，我抵死不從，想不到她把牆上我國小三年級全班第一名的獎牌，直接砸在我屁股上。爸爸則趁我摸著被打痛的屁股大哭時，把筆電給搶走了。

我看你們才是「俠盜×車手」！

我又生氣又絕望，看到客廳的茶几上有媽媽的 iPhone X Plus，和爸爸的三星 Galaxy 平板，我左右手各抓一支，跑去陽台，用力扔到樓下——家在十五樓，應該可以完全摔壞。

接著，我又拿了神桌上的打火機，跑去陽台緊抱瓦斯桶，對他們大吼：「你們再不把筆電還我，我就引爆瓦斯，要死大家一起死！」

這下，他們真的愣住了。爸爸把筆電還給我，我放下打火機，含著淚說：「一定要這樣嗎？」

我跑回房間反鎖，繼續玩「俠盜×車手」，但眼淚一直流，讓我看不清楚畫面。

隱約間，我聽見家裡門鈴響，接著，我的房門被撞開。兩名警察

站在我面前。我被帶去警察局。一位女警察嚇斥我：「你就是吳亮嗎？從今天開始，你家裡網路和電視都要切斷，否則，你會再被我帶來警察局！」

我很害怕，頭腦一片空白。天哪，這真的太沒有面子了！萬一我同學知道我被抓到警察局，真的會把我笑死。

筆電又被爸爸收回去。

爸媽這樣對我，我一定要變得更壞，就是要做給你們看。

早上，我直接大小便在地上，當臭味飄出去，媽媽就會進來打掃；中午，媽媽送餐進來，我覺得太難吃，就把碗盤摔在地上，讓她去清；晚上，我爸罵我沒去上學，我就威脅要槌玻璃，他投降；半夜，我故意用獎框敲打鐵窗，製造噪音給鄰居聽，是你們要我這麼做的，那我就讓你們沒面子，「竟然生養出這種小孩！」

過了兩天，爸爸終於把筆電還給我了。

我更不想去學校，一個禮拜只去兩天。

有天，值日生大聲叫我去輔導室，全班大笑。我聽得很清楚。

到了輔導室，校長、生教、輔導老師、輔導主任、護士等十幾個大人坐在我前面，說要「檢討」我的問題。我嚇呆了，腦袋一片空白，不知道他們七嘴八舌都說了什麼。我再也不想去學校。

我真的不想回憶。若不是媽媽每個禮拜帶我去見一個叔叔，說是做心理諮商，我根本不會考慮回到國中，重新出發。

第一次看到那個叔叔，我本來打算繼續隱瞞，結果他很關心我，接受我亂七八糟的情緒，還鼓勵我。

我老實告訴他，我只是討厭那個國小，如果換學校，我願意繼續去上學。他跟爸媽講了很久的話，講了什麼我不知道，但那天回家後，他們就很少對我咆哮，姊姊們也收斂很多，沒再譏笑我。

這時，媽媽敲我房門，我回過神來。我發現自己眼眶濕了，趕緊拿起地上沾了鼻涕的衛生紙擦掉淚水。

一進來，她輕聲地問我：「今天開學，媽媽帶你去○○國中。嗯？」

國小真的過去了，今天我要升國中。是不是該上學了呢？

我又想到，整晚沒睡，下午已經跟網友約好玩「俠盜×車手」，如果去學校，會不會被他說沒義氣？心裡真的好矛盾。

我跟媽媽說：「好啦，今天我補個眠，明天再去。」

她點點頭。

開學第二天，我咬著牙，媽媽才能帶我到校門口。

當媽媽揮手跟我說再見，我突然很難過，但還是克制住情緒。我面無表情，頭也不回地走向一年十三班。

一進門，我差點昏倒，同學穿全身藍色的體育服，我卻穿白上衣卡其褲？我聽到第一聲爆笑，接著全班都在笑。

我趕快坐下，並低頭滑手機，但坐我右邊的正在吹直笛，吱—吱吱—吱，是生日快樂歌；坐後面的也在吹小星星，吱吱—吱—吱吱，聽在耳裡快煩死了。

不會今天有音樂課吧？今天要帶直笛嗎？

「你不會沒帶直笛吧？」坐我左邊的女生看我發呆，好心地問我。

我火速打電話給媽媽，叫她快點送體育服和直笛過來。第一堂理化還沒下課，她就出現在教室的窗外，拿著體育服和直笛向我招手。全班同學都轉過頭看她，老師幫忙去拿給我。

我一接到手上，心臟狂跳、整張臉滾燙，全班都在看我，超糗！

好不容易捱到下課，坐我前面的大個子轉過來。我以為他要打招

呼，沒想到他瞇著眼睛、用麥克風的音量說：「真是個媽寶啊！」

全班同學都在笑。

我慌張地收了書包，抓起體育服和直笛，拔腿就往校門口衝。我看到媽媽正要走出校門，一把抓住她的手臂，用力拉她到街上。她很驚訝，我狠狠地瞪她並罵她：「都是妳害的，害我被全班笑，我不應該相信妳的鬼話，明天不去了！」

「怎麼了，不是幫你拿過來了？」她問。

「不是，這學校根本是個爛學校，我絕對不念。而且它是爸爸選的，不是我想念的。」我生氣地說。

「你爸想說幫你找一個功課壓力小的學校，還拜託校長安排在丁老師的班上。」她解釋著。

看我沒反應，最後她說：「好啦，都依你，只要你高興就好。」

只要我高興就好。我高興嗎？走在街上，談不上高興。雖然我想馬上回家，但愈接近家裡，心裡愈煩。

回到家，我鎖上房門，窗簾拉上，不想讓任何一道陽光射進來。我關緊玻璃窗，戴上遊戲耳機，不想聽到任何聲音。

只有螢幕是亮的。

張醫師的診療室

故事中的國中一年級學生吳亮有網路遊戲成癮，合併暴力、自殺行為，最後進展至拒學與繭居。家長一旦遇到這樣的情形，不自覺就是批評、否定、控制，通常反而會激起孩子更強烈的抗拒，出現說謊、威脅、破壞物品等偏差行為，尤其吳亮，竟然還想引爆瓦

斯，真令人捏把冷汗！

有關網癮與暴力、偏差行為的關係，詳見第四章〈網路人格〉，以下說明自殺行為。

網路成癮與自殺行為

吳亮想引爆瓦斯的自殺行為已經相當嚴重，幸好緊急處理得宜，闔家平安。

根據我與全國自殺防治中心李明濱教授等人的線上問卷研究，和非網路成癮者相比，網路成癮者明顯有較高的精神疾病共病率（65% vs 33%），過去一週裡有自殺意念（47% vs 22%），過去一年中有自殺行為（5% vs 2%），以及　生中出現過自殺行為（23% vs 14%）。

《臨床精神醫學》（*Journal of Clinical Psychiatry*）一項大型多國薈萃分析顯示，網路成癮者的自殺風險是一般人的三倍，包括：自殺意念、自殺計畫、自殺行為，且自殺意念屬於高強度。在排除人口學因素與憂鬱症的影響後，自殺意念與行為的機會仍多出五成左右。

值得注意的是，有網癮的兒童青少年，其自殺意念的風險提高到將近 4 倍，成人則為 2 倍。顯然，千萬不可輕忽網路成癮者的自殺風險！

然而憾事已經發生，國內曾發生多起疑似手機與遊戲成癮的青少年自殺悲劇：

表五　台灣近年疑似手機與遊戲成癮的青少年自殺事件

時間	自殺事件	相關訊息
2019年 3月25日	國三男學生沉迷線上遊戲，父親深夜看到他一直打電動，並沒有準備段考，怒而關機並沒收電腦，兩人發生衝突。隨後男學生寫下遺書，從住家三樓墜樓身亡。	警方從遺書發現，他是因父親關機而想自殺，提到想當隻自由自在的鳥，能夠無拘無束的飛。單親的父親務農，獨力撫養他與妹妹，用心栽培。他升國二的暑假去綠島旅遊，因車禍受傷住院，在病床上無聊而開始玩線上遊戲，成績一路下滑。近日課業壓力大並沉迷線上遊戲，容易發脾氣。當天才在學校與家裡熱鬧慶祝生日。
2018年 3月7日	國小五年級男童，疑手機被父母沒收而心情沮喪，多次爭執。家人原替他請假，後又送他到校，但他獨自在校園閒晃，從校舍四樓墜樓身亡。	過完農曆年後，開始沉迷智慧型手機，父母擔心影響課業，加以糾正，但他屢勸不聽。事情發生前一周，父母沒收男童手機，他因此情緒低落不想上學。
2017年 9月6日	國三男學生，向家人要求買iPhone手機遭拒，到公園喝鹽酸輕生，幸發現得早，被送往醫院急救挽回一命，目前仍在加護病房觀察中。	單親家庭，向家人要求買手機遭拒後，在臉書PO文：「既然得不到想要的，我選擇結束生命。同學謝謝你們，我先走了」、「家裡壓力我不能忍了，也許到另一個世界我可以更好，下輩子希望還可以遇到你們」、「還有很多朋友，真的很謝謝你們陪我走過的路」等話語，明顯表達輕生意念，親友看到後趕緊通知家屬並報案，順利將男學生的命救回。

| 2015年
2月26日 | 科技大學四年級男學生，疑似沉迷網路遊戲，前一晚被父親責備：「明天就開學了，不要太迷！」半夜竟提著家裡的儲備汽油，在產業道路引火自焚。 | 父親表示，兒子在寒假與春節期間都關在房間玩電腦，才提醒他：「要開學了，不要熬夜，先睡一下要玩再玩！」導師驚訝地說：「他當過班代，怎麼會這樣？會不會是求好心切？」開學時同學得知消息，難過而不敢置信，表示再半學期就畢業，他負責手機遊戲的軟體設計，守在電腦可能是為了作業。 |
| 2015年
1月16日 | 國二男學生，想買最新款智慧型手機，父母以「怕你沉迷手機」拒絕，於是他花兩萬多元零用錢偷偷購買。母親發現後責備並沒收，不料少年傍晚放學回家，自社區高樓墜樓身亡。 | 父母都是老師，對孩子有期望也疼愛。他在校成績中上，與老師、同學相處正常，無情緒不穩；當天是期末考，少年到校沒有異狀。 |

從新聞報導看來，孩子自殺之前，多經歷親子間的斷網、手機遭沒收與嚴重衝突，顯然親子間能夠更有技巧地溝通、維繫互信關係，是危機處理的要點。

孩子因為網路遊戲被斷網、或手機被沒收而輕生，這真的表示現在的孩子沒有網路遊戲和手機，就無法活下去了嗎？

顯然不是的。選擇輕生的孩子通常早有憂鬱情緒或自殺意念，但口頭上不跟任何人講，外表也看不出來，反常的是把自己反鎖在房間裡，用玩網路遊戲、滑手機的方式來處理，結果情緒日益惡化，而親子關係的破裂，成了壓死駱駝的最後一根稻草，孩子在絕望中自殺。

面對孩子網癮行為，父母需要了解這只是「冰山一角」，應冷靜

了解孩子身心狀態，勿衝動斷網，因爲這可能激起孩子的強烈負面感受，包括：不被尊重、被拋棄感、無助感、絕望感、失控的憤怒等，導致出現自殺衝動與行爲。

當父母觀察到孩子出現沉迷手機或遊戲等行爲時，必須意識到：孩子的身心狀態早已不佳多時，包括：功課壓力大、人際衝突、憂鬱心情、自殺傾向、網癮失控以及其他心理困擾，當孩子不願意講出來，父母、老師、同學、手足需要主動關心，才能及早察覺。

斷網不是不行，而是需要良好的準備，才能讓孩子獲益。第七章「六步驟正向溝通法」提供了循序漸進的步驟，相信家長能一步一步實踐。

網癮的家庭治療

國一生吳亮的家人有著過度保護、過高期待、衝突過度等家庭互動問題，也是網癮、拒學或繭居族的常見家庭型態。

家庭治療是改善網癮的有力治療，同時降低孩子自殺傾向，做法爲何？

➡ 先找出網路成癮相關的家庭互動因素：親子過度衝突、長期負面溝通、權力不平衡

➡ 再提供家庭諮商：改善溝通型態、爲不適當行爲合理設限、善用家庭動力的優勢

這裡列舉南韓中央大學醫學院精神科韓東賢（Doug Hyun Han）醫師等人進行的網癮青少年家庭治療研究爲例，由醫師提供家庭諮商共五次，其內容包含：

➡ 採取有效的方式減少問題行爲

➡ 加強家庭凝聚力

➡ 進行增強凝聚力的家庭作業，包括：親子運動（跳繩、打羽毛球、游泳等）、桌遊、烹飪、學習外語、藝術課程（畫動畫）、欣賞戲劇等

➡ 家人每天練習新的互動方式一小時以上、每週至少四天

➡ 在練習新的互動與活動時，拍一張全家福

➡ 親子分享新活動後，青少年會得到一份禮物與貼紙

➡ 醫師與家庭成員討論持續能造成改變的行動

在三週的治療後，網癮分數、每週網路遊戲時間明顯下降，家庭凝聚力分數上升，且家庭凝聚力增加愈多，網癮分數、每週網路遊戲時間下降愈多，前者為中度相關，後者為高度相關。

在腦影像中也發現，接受家庭治療後，孩子在接觸情感相關影像時，大腦深處右側尾核的活動增加，這和家庭凝聚力增加程度、網路遊戲時間的減少程度相關。

此外，孩子在接觸遊戲相關影像時，左中額葉活動降低，意味著網癮已經降低。

孫悟空大戰電玩魔

南韓童書作家金辰燮，在《孫悟空大戰電玩魔》中，以生動的言語、俏皮的插畫，描述三位沉迷網路遊戲的同班同學，走上網路遊戲成癮，合併蹺家、偷錢等偏差行為，令人印象深刻的是，他們有著各自不同的家庭背景：

► 姜南逸：男主角，電玩中自取暱稱「孫悟空」，本來功課很好，媽媽為了賺他昂貴的補習費，開始到醫院擔任輪班護理師，因此常不在家，爸爸則忙於工作業務，每天應酬至深夜才醉醺醺地回家。當他放學回家，家裡空無一人，開始狂打電動。

► 李岱昇：男配角，暱稱「豬八戒」，父母離異，奶奶非常溺愛他，總以為他在打電腦作業，還怕他餓到累著。他更屢次用哀求、絕食抗議、說謊等方式，讓媽媽花大錢買最好的電腦與遊戲裝備。而當媽媽要管教他時，經常迎來的卻是奶奶責罵。

► 洪仁奎：拒學族，暱稱「沙悟淨」，父母婚姻衝突大，常吵架，後來父親離家出走，他常想：為什麼要上學？要怎麼度過無聊的一天？常感到孤單、無聊、厭煩。媽媽哭泣哀求後，他才勉強去上學。他最後躲在網咖，因沒帶錢被店家利用，幫忙代打、還錢。

他們後來能擺脫網癮，歸功於南逸的父母親，開始正視網癮問題，尋求網癮成癮諮商中心的醫師、心理師團隊協助，父母先改變，與孩子頻繁互動、正向溝通，並開始一起運動，每天打一小時電玩，媽媽就在旁邊觀戰。

很特別的是，遊戲中有一位「三藏法師」，他在網路遊戲中「每天只玩一小時遊戲」，卻是高手中的高手，為玩家做了正面示範。他其實是網癮諮商中心的「學長」，從連打數天數夜，到被父母親硬拉來中心接受輔導，完全擺脫電玩癮。

拒學族的心理癥結

和網路遊戲相關而衍生的親子衝突，若陷入「熱戰」，孩子可

能出現暴力或者自殺；若變爲「冷戰」，則是短期拒學，以及長期繭居，就像國一生吳亮的後來發展。

臺大醫學院精神科高淑芬教授進行全國性流行病學調查，發現在一萬多名國小、國一生裡，有 5% 學生沒有上學，其中 2.5% 是偶爾不去上課、1.5% 學生經常逃學曠課，教育部統計約 0.2% 的學生長期缺席。

不去上學可能是「懼學」（School phobia），害怕去上學，可能是有分離焦慮，不願離開父母，或是擔心同學嘲笑、老師指責或校園霸凌。「拒學」（School refusal）則是不願意去上課，多半待在家裡沉迷手機與電玩，有些則是排斥現有教育制度或其他特殊想法，決定待在家中。

吳亮主要是「拒學」族，雖然也有些「懼學」特徵。他以受害者自居，把一切都怪罪到父母身上。事實上，從小父母不僅疼他，甚至寵愛過度。他變得很愛面子，非常自戀，問題解決能力不佳，標準的「眼高手低」。媽媽與姊姊們「善意」的嘮叨，他卻感覺是「惡意」，把躲進網路遊戲中變成最佳理由。

吳亮十分自卑，太在意同學對自己的看法，容易感到羞辱。而同學不經意的、或故意的語言霸凌，更催化了他的拒學行爲。

媽媽原先鼓勵他去學校，但他再次拒學、怪罪父母後，媽媽也無力了，丟下一句話：「好啦，都依你，只要你高興就好。」

很可惜地，這句話反而強化了孩子的無力感，惡化拒學行爲。

家長需要認識到，孩子長時間躲在家裡房間打電動，心裡其實是十分痛苦的。畢竟課業學習進度嚴重落後、回到學校又擔心同學的異樣眼光，以及如影隨形的自我譴責，都是巨大壓力。

因此，家長需要比孩子更冷靜，努力與孩子對話，了解他們拒

絕到校的想法，一起面對困難與恐懼。當孩子持續抗拒就學時，家長千萬別被無力感給綁架，應求助校方、輔導、心理與醫療專業人員，探索可能做法，持續協助孩子，絕不輕言放棄，否則孩子到後來很可能變為繭居族。

繭居族的現象成因

繭居族（Hikikomori）指呈現持續性社交退縮（prolonged social withdrawn）的族群，以青少年或年輕成人為主，學界對其定義共識為：絕大部分時間都待家裡，對上學或工作無興趣，持續社交退縮超過六個月，沒有維持人際互動，例如與朋友的關係，排除精神疾病如思覺失調症、智能障礙、情感疾患等，即定義為繭居族。相較於前述原發性繭居族，次發性繭居族常導因於共病精神疾病。

在亞洲國家如日本、香港、韓國，呈現為繭居族的青少年或青年人比例為 1-2%，男性居多。根據日本全國繭居族家庭協會聯合會 2018 年最新資料，平均初發年齡降至十九‧六歲，現在年齡平均為三十四‧四歲，繭居七年以上比例最高，有長期化傾向，更難回到社會。

日本內閣府調查也發現，繭居族已破百萬人口，在四十到六十四歲中年人口中，有六十一萬人，比起十五至三十九歲的青年的五十四萬人，竟然還要更多。當中男性佔四分之三以上，半數繭居超過五年，6% 超過三十年沒出門了！四成中年繭居族已經不和任何人互動，生活起居由八、九十歲高齡的父母親照料，「啃食」銀髮族的積蓄以及不動產代換的金錢，稱為「八○五○問題」：八十歲父母還要養五十歲中年孩子。

在東京地方的銀髮族家庭中，有中年足不出戶的孩子，高達六

成。北海道札幌曾發生悲劇，八十歲母親被人發現在家過世，而繭居女兒毫無反應，教人驚訝地看見繭居心理相當殘酷的一面！

繭居族常合併精神症狀

根據日本精神科醫師齋藤環（Saito Tamaki）在《繭居青春：從拒學到社會退縮的探討》的研究，繭居族外表看似懶散怠惰，其實內心痛苦，常合併精神症狀，包括：

➡ 對人（社交）畏懼症狀：佔 67%，包含體臭恐懼、臉紅恐懼、醜陋恐懼等形態。

➡ 強迫症狀：部分因過度潔癖，反而不太洗澡、一身髒亂，生活自理極差，相當矛盾

➡ 憂鬱症狀：佔達 89%

➡ 孤獨感、無聊、空虛感：佔達 88%

➡ 自殺傾向：部分可能因「無路可退」，產生絕望感與自殺意念

一半以上的繭居族屬於網路成癮高危險族群，十分之一符合網路成癮診斷。當吳亮整天鎖在房間打電動，不願再嘗試上學，媽媽回答：「好啦，都依你，只要你高興就好。」

或者心想：「反正孩子每天乖乖的，不賭博、不吸毒、不殺人，我也應該感恩，不要一直強迫他！」

這樣都不好。繭居族原本多是守規矩的乖孩子，不會反抗父母。但當在校成績日益落後同儕，也達不到自我期待，卻拿不出勇氣，對於踏出第一步充滿擔憂，乾脆躲在虛擬世界提供的「舒適圈」裡。又因繭居狀態，持續缺乏與他人有意義的互動，自然好轉非常

困難。

持續繭居，本身就有傷害力！

繭居的系統性病因

繭居族是全球公共衛生議題，和全球各地的社會變遷有關，深遠地影響了家庭與個人。年輕族群沉迷於網路或電玩的虛擬世界，難以適應學校或工作，反映出現代化過程中，價值觀從集體（利他）主義轉變為個人（利己）主義，有著過度自戀的**全能感**，逃避努力與高壓工作。

加拿大蒙特利爾大學精神科主任史帝普（Emmanuel Stip）醫師回顧近年文獻，歸納形成繭居族的因素包括：孩童創傷經驗、被霸凌或同儕排斥、矛盾型或迴避型依附型態、父母的拒絕或過度保護、成績欠佳、過高自我期待、社會凝聚力的解體、都市化、全球化、網路數位技術的出現、偏好網路互動等。

齋藤環醫師提出：繭居這二十世紀的現代病，不只是「個人的繭居」，更是「系統性的繭居」，包含了個人、家庭、社會這三個系統。

在個人系統，因繭居而生的自我嫌惡，加重了繭居行為，而且不接受他人的介入。

在家庭系統，家人缺乏對繭居者心理的了解，缺乏溝通，斥責案主反而強化了繭居；家人對於繭居成員有愧疚感、罪惡感與恐懼。事實上，父母或其中一方也在繭居，大多數狀況是父親缺席（absent father），拒絕與孩子有正向互動，甚至連負向互動也沒有，親子關係非常疏離而冷漠。

在社會系統，繭居者的家人隱藏繭居成員，傾向獨自煩惱，

害怕被社會貼標籤，斷絕了與社會的聯繫，甚至發展出共依存（codependence）心理，也就是持續忽視、淡化，或合理化孩子的繭居行為。

由於繭居是系統性的病理，造成專業人員在協助繭居族時，容易遭遇從案主到父母親的抗拒，有強烈無力感。加上繭居族接觸治療過晚，讓預後難以樂觀。

共依存心理的案例

根據 2019 年 2 月 23 日東森新聞報導，菲律賓一名十三歲男童，因為電玩成癮，輟學之外，鎮日在網咖打電玩，連玩四十八小時都離不開座位，到了「廢寢忘食」的程度。父母試過禁足、責罵都沒用。焦急的媽媽擔心兒子不進食影響健康，沒有責備，反而面露心疼地說：「來來，吃一下吧，我可憐的孩子。你明天才會回家吧，我的天啊，你不需要上廁所嗎，可憐的孩子啊！」

但孩子正眼不瞧。媽媽只好端著飯菜到網咖，親手餵食。她說：「不管他發生什麼，我是他的母親，會永遠愛他並照顧他。」

媽媽過度保護，並合理化孩子的遊戲成癮與繭居行為，呈現共依存心理，無法幫助孩子走出來之外，更可能繼續惡化病情，應儘速尋求心理專業人員協助。

協助繭居族的心理準備與具體做法

協助繭居族是治療上重大挑戰，治療師面對以下困境：

➡ 案主不願意出門接受治療

➡ 案主成為家庭暴力施暴者

➡ 家人的無力感

➡ 家人合理化繭居行為

➡ 家人和案主一起繭居

在案主不願到診間的狀況下，治療師面對的是一張「空椅子」，家長和孩子都有「不在場證明」。因為，家長認為孩子既然帶不來，就不可能治療，而且認為：「『有問題』的是小孩，和家長無關，所以我也沒必要來治療！」

有些父母不願意為此踏出第一步，可能本身也有繭居心態。

繭居族延遲就醫狀況嚴重，和個人的社會隔離、家庭的羞辱與罪惡感有關，且因治療參與度不佳，預後也不佳。父母家人能早期辨認繭居族行為特徵、積極協助就醫，並在醫療專業人員指導下，以合適的家庭策略與繭居族互動，並安排家庭治療，是實務上可行且有效的方式。因此，治療可以從父母開始，學習如何和繭居族互動。雖然繭居族是父母一手帶大，但那個眼睛緊盯著螢幕、沉默不語、還帶點冷酷無情的孩子，已經不再能用一般言語來互動，所以父母必須學習新的溝通語言。

首先，父母要有進行長久戰的心理準備。父母急著逼迫孩子走出來，或者拋下一切陪伴他，都可能產生反效果。請父母放鬆並且冷靜，先過好自己的生活，並不需要拋棄一切而只專注於治療繭居族，只要挪出生活的一點時間，就足夠了！

協助繭居族的基礎做法

當孩子一開始出現拒學、拒絕到公司，或為了閃避壓力而要求搬

家時，父母必須謹守原則：維持現狀。盡量避免直接退學、離職、搬家等重大決定，因爲透過家庭治療或輔導諮商，孩子仍有機會面對挑戰，一旦做出重大決定，雖然孩子暫時鬆了一口氣，但問題持續惡化。

父母在可通融的現實範圍內，「以時間換取空間」。若學校與公司都沒辦法接受，那麼繭居族也只能面對自己行爲的後果，鼓起勇氣和家人討論思考下一步。

繭居族常拒絕求助輔導或醫療，父母可先來與專業人員討論，接受家庭治療，爾後，告知孩子自己正接受諮商，當天邀請他一起前往。

雖然繭居族缺乏目光接觸、言語表達，父母半日仍要盡可能有簡單的互動，可以試試以下做法：

➡ 主動向他打招呼，堅持到底
➡ 製造讓他開口的機會，即使沒回應
➡ 每次都盡可能延長對話的時間
➡ 可以搭配傳紙條來進行
➡ 父母可從房門外出聲，尊重隱私
➡ 徵詢他／她的看法，勿下結論
➡ 暫不談論未來規劃，或同年紀朋友近況
➡ 定期給予固定金額之基本生活費

目標是發揮「滴水穿石」的效果，讓出現改變的機率愈來愈高。

家長和繭居孩子的對話技巧

治療師也能培養父母親成爲教養專家，學會三大對話技巧：

策略 1.在同理的基礎上，畫出親子界線

孩子：因為今天你又講話惹我不高興，所以我不去上學！

父母：我能體會你不想去上學的心情，但不能什麼都不想。因為，你的未來我們沒辦法幫你決定，你要自己去思考和安排。雖然你覺得困難，但還是試著想想看，我們不會對你發脾氣，會耐心聆聽你的想法。

孩子習慣把自己情緒好壞的責任，通通丟到父母身上，好像父母是自己身體的一部分。相對地，父母因孩子不上學就怪罪自己，顯示父母也把孩子當成身體的一部分，都是親子「界線混淆」的問題。

繭居族常會對父母罵髒話、動輒出現威脅言語，甚至如故事中的吳亮出現肢體暴力。父母習慣「息事寧人」，對不當行為隱忍再三，為之合理化，甚至承受肢體暴力而不願通報。殊不知雖然換得一時的和平，卻註定日後的永久戰爭。父母有權力報警或聯繫醫療體系讓孩子強制就醫，透過醫療協助孩子穩定情緒。若為家庭暴力，需要通報社會局。

繭居族需要學習適當的親子界線，將家人恢復為「他者」，而不是自己的一部分，尊重別人，也尊重自己。父母切勿容忍暴力，才能讓繭居族學會為自己的暴力行為負責。

策略 2.覺察孩子的微小進步，強化行動意願

孩子：都是你害的，害我被全班笑，我不應該相信你的鬼話，明天不去了！

父母：你今天去學校，雖然不是全部如你所願，也算是成功了，你真的很棒！

孩子話語中充滿攻擊性，思考相當扭曲，再次把責任丟回父母身上，父母若本能地採取譴責，或過度順從孩子的逃避心理，孩子反而接收到負面訊息，毅然決然地退縮。

　　父母應「戒急用忍」，重要的不是評斷孩子講話內容的對錯，而是要覺察他的努力與進步。孩子只是要表達自己的憤怒、恐懼、無力感，期待的是父母的傾聽、接納，以及無條件的鼓勵，父母要支持他繼續嘗試。

策略 3.不被孩子的言語或暴力綁架，表達對孩子獨立的期待與信心

孩子：你不幫我弄晚餐，我就不吃！

父母：你必須學習獨立。雖然你沒辦法突然獨立，但你至少要讓自己慢慢回歸社會、學校，就從在家裡能獨立生活開始。我相信你有獨當一面的能力！

　　打破繭居，就是要打破封閉性親子關係中的「共依存」關係，父母應學習「大政奉還」，將責任還回給孩子，他們得面對自己的生活，方能面對自己的困難，承擔起解決問題的責任。

　　父母要學習將繭居族視為「他者」，尊重孩子的自主性。透過「他者」的鏡子，繭居族不再逃避看自己，學習接納自己的不完美，擺脫嬰幼兒般的個人全能感，開始照顧自己。很重要的，只有孩子能夠決定何時走出繭居，父母無法代為決定。

繭居族的治療經驗

　　在日本，繭居族的治療有三種管道：心理衛生中心的臨床心理介入，社區的社會心理介入，以及多元治療模式（詳見？頁），包含：騎馬輔助治療、共炊農場、網路平台等。對許多繭居族來講，

網路提供與網友互動的機會，可能有共同興趣、或者有共同的繭居壓力，是某種人際互動的進步，也能提高生活品質，且是唯一接觸專業人員的管道。

也可以運用精神動力心理治療，以及巢穴治療（音譯：Nido-therapy），後者透過系統性地調整生理與社交環境，讓案主可以有更好的生活適應。治療目標是：打破生理隔離與社交隔離，導引案主在社會中找到主動角色，譬如就學或就業。

合併網癮的繭居族，接受居家訪視計畫，提供簡短心理治療介入、結合家庭治療或團體治療，能夠改善他們的整體功能與社交活動。南韓中央大學醫學院精神科李永植（Young Sik Lee）醫師等人報告，在平均二點八次的心理治療與三點四次的親職諮商後，68%的案主呈現不同程度的功能改善。

繭居族雜誌《HIKIPOS》的創辦人池井多因為自己曾斷續繭居三十二年，創辦這份雜誌的最終目的，是希望協助繭居族「破繭而出」，重拾自主生活機能。

他坦露繭居族的深層心理常自我責備「全世界就只我一個人這樣搞，感到很絕望」，擺脫不了「羞恥意識」，因此自我封閉。因此，首先要讓繭居族了解：「其實，絕對不只你一人這樣搞。」

藉由定期舉辦繭居族聚會，也就是團體治療，讓相同遭遇的人思考繭居與衰老，發現別人也有類似的問題，分享對老後的不安。他持續為繭居族尋求更多的社會資源，並陪同前往身障者就業支援中心，和繭居族一同面對求職的新挑戰。

從遊戲成癮、自殺、拒學、繭居等一系列網路相關病理，都發生在家庭的脈絡中，和特定的親子互動型態有關，如：威權、激烈衝突、過度保護、缺乏關愛、疏離等，強化了既存的親子衝突，再回

過頭惡化問題。

相反地，賦予關愛、增進家庭凝聚力、調整僵化的互動型態、建立合理界線，能改善網路心理病理。可見，調整親子教養型態，善用家庭治療，是網路數位症狀重要的預防與治療策略。

預防網癮，國家有責

韓國政府很早就已經制定全國性網癮預防與治療政策，包括：

▶ 禁止十八歲以下少年於晚上十時至隔天早上九時進入網咖

▶ 讓家長自行選擇在家中電腦裝設網站過濾器，在凌晨零時至六時完全阻斷網路，讓孩子不能上網，或每天只讓少年在特定時段上網二至三小時

▶ 政府成立網路成癮治療中心、戒網癮學校

▶ 遊戲業者負起企業社會責任：自發性募集基金成立遊戲文化財團，並設立防遊戲沉迷諮詢治療中心

根據教育部駐韓國代表處教育組資料，南韓政府早在 2002 年就設立國家級上網成癮防治機構，是全世界第一個成立這種專門機構的國家，也是第一個提出鑑別上網成癮、上網成癮分類基準的國家，目前，也正規畫增建多個專為上網成癮者所提供的醫療服務及心理輔導機構。

此外，韓國政府衛生暨福利部也規畫將「使用智慧型手機成癮」與「上網成癮」納入健康醫療保險給付範圍，與治療菸癮、酗酒患者一樣，提供制度性醫療服務。

2018 年 3 月世界衛生組織正式宣布「遊戲成癮」為精神疾病後，我國衛生福利部「心理及口腔健康司」也隨即發表聲明，

研擬：

▶ 比照韓國，電玩業者提撥基金，協助治療網路遊戲成癮

▶ 研擬「灰姑娘條款」，不准未成年者於午夜十二點後使用網路

▶ 從教育、生活面鼓勵親子活動，降低網路遊戲成癮機率

▶ 嚴重成癮個案，建立機制協助轉介兒童精神科治療

▶ 增加家長對網路遊戲成癮的認知，幫助處理成癮兒童行為

張醫師的小叮嚀：改善網癮、自殺與繭居

▶ 父母戒急用忍，冷靜行事，勿衝動斷網，引發嚴重親子衝突

▶ 培養友善的家庭氛圍，鼓勵親子溝通，讓孩子願意講出心事

▶ 親子練習新的互動方式，採取有效的方式來溝通

▶ 親子共同參加活動、終身學習，一起增加家庭凝聚力

▶ 孩子玩手機或網路遊戲時，父母可以在旁觀看、共同參與，並督促自我控制

▶ 當孩子拒學，父母應維持親子對話，了解原因並多鼓勵，同時尋求輔導心理專業人員協助

▶ 當孩子繭居，父母應率先打破自己的繭居狀態，即刻向專業人員求助

▶ 父母主動和繭居族保持簡單互動，從打招呼、製造開口機會、延續對話長度做起

▶ 透過三大對話技巧，建立親子界線、肯定微小進步、表達對孩子獨立生活的信心

整合醫學策略

從身體、睡眠、飲食切入

第 **10** 章

在前文介紹中，網路成癮的治療模式多元且療效佳，許多家長卻依然煩惱。怎麼回事？原來，孩子根本不願意來看診。他們一聽到父母說「你有網路成癮，我帶你去看醫生」，就馬上回嘴：「有病的是你們，我絕對不去！」這種狀況下，醫師縱有十八般武藝又有何用？有什麼方法，能夠像亞歷山大大帝，揮刀斬斷這個死結？

像這樣的難題，整合醫療策略可以幫助您。整合醫學（Integrative medicine）源於美國的醫療革命，亞利桑納大學整合醫學中心主任安德魯·威爾（Andrew Weil）開創此風潮，他在哈佛醫學院取得醫學博士學位，強調實踐「以案主為中心」，形成最佳的治療同盟，運用**所有**安全又有效的療法來治療及預防疾病，包括西方醫學、營養醫學、功能醫學、中醫藥與針灸、氣功、瑜伽、運動、物理治療、心理治療、藝術治療、音樂治療、催眠治療、芳香療法等，不受制於任何醫學理論學派，更不侷限於單一療法。

📱✍ 網路心理極短篇：抽血

皇后：小主，你知道限時商店開啟了嗎？

T__T：什麼，我怎麼沒看到？

皇后：趕快上去兌換精魂哪，今天晚上 23:59 分之前，用你的流朱

精魂、浣碧精魂、後宮免戰牌，可以兌換甄嬛精魂。

T__T：謝啦！皇后。

皇后：對了，你有沒有拿培養丹增加屬性？

T__T：有啊，我的生命、物防、法攻、法防都增加了，讚喔！

皇后：那你掠奪獲得幾個心計豆？

T__T：15000 個。

皇后：還不趕快去拿心計石！

T__T：本宮遵命。皇后，上次網聚送虛寶序號、臉書分享新年快樂圖片抽一千萬銀兩，也是妳告訴我。妳對人超好，玩家都很喜歡妳，要不要出來選立委啊？妳比我聰明好多，我超羨慕的，妳爸媽一定愛死妳！

皇后：屁啦！玩手遊不講這些。你之前玩「××之塔」很行，但玩「後宮××傳」還是得從挑水砍柴重新來過，知道嗎？

　　身為皇后的我，還沒看到 T__T 怎麼回應，就聽到一個聲響。

　　我轉過頭，發現房鎖被轉開。雪特，我忘了鎖。

　　爸爸走了進來。我倒吸一口氣，現在是怎樣？

　　我從小跟爸爸感情超好，我們都不喜歡媽媽，她有憂鬱症，總擺一張臭臉。但這學期我開始不爽去學校，爸爸對我的態度完全逆轉，口氣比媽媽更差。前天，他大發脾氣，罵我已經高中一年級，連上學都不會，害他一直被班導打電話騷擾；又怪我通宵玩手機，一天只吃一餐宵夜，不出門運動也不曬太陽……

　　他講了一句話，我聽得很清楚，一輩子都會記住：「上禮拜帶妳去做心理諮商，結果妳還是沒去上學，真是浪費我的錢。反正妳也不會改，**妳有膽就繼續這樣下去！**」

我看是你和老媽要去接受心理諮商吧？你們老在我面前大吵大鬧，怪我成績不好，害你們在外沒面子，說我比姊姊笨又不努力，還常把在公司被老闆罵的怨氣，像整桶餿水倒在我身上……我現在還覺得很臭。

　　我哪有病，你們心理才有病。

　　既然，我活著都在浪費你們的錢，好，我就不要改，因為我——皇后——就是有膽。沒膽的話，還做什麼皇后？！

　　想到這裡，我心臟砰砰亂跳，血液衝進腦袋。

　　可是老爸竟然微笑。身為皇后，心中只一個想法：他必有心計！

　　「等下跟我去看醫生。」他平靜地說。

　　「我絕對不去！該看心理醫生的是你，不是我。」

　　「不是，是要帶妳看『平常的』醫生。」

　　「**完全不用！我又沒感冒。**」

　　「不是看感冒。妳之前不是說自己長不高、鼻塞快窒息、黑眼圈像貓熊、臉癢抓到黑色素沉澱、一直揉眼睛、膚質超差，你們班女生笑妳一輩子沒人要？」

　　我心裡 OS：╳，講這些幹嘛。

　　「是妳班導叫我帶你去看一個醫生，說他有辦法讓妳好起來。」

　　「長高變漂亮可以考慮，但，我絕對不吃藥！」我強調。

　　就這樣，我帶著壁壘分明的原則跟著爸爸去看醫生。進入診間看到他似乎沒大我幾歲，我向他鄭重聲明：「我之所以來看你是因為長不高和過敏，我可沒有心理疾病。」

　　「沒問題，我專門看荷爾蒙和免疫力失調。」他說。

　　他問我平常怎麼吃、睡得怎樣、有沒有運動，完全沒問我有沒有去上學，這讓我放心不少……對喔，他應該不知道我沒去上學，我

就是很一般的學生嘛！

「妳長不高有三個原因：第一、妳跟爸媽一樣有過敏體質，又不斷接觸過敏原，身體一直處在發炎狀態，干擾了荷爾蒙的運作，導致生長激素分泌不足；第二、妳吸收不到的營養不夠，洋芋片吃再多仍不是細胞需要的，生長激素需要充足的胺基酸、維生素 B3 來製造；第三、妳作息日夜顛倒，生長激素要有正常睡眠週期，才會大量分泌喔！」醫生耐心地解釋。

我瞪大眼睛，沒想到一直壓在心底最大的煩惱是有解答的。天知道，我就是因為成績不好、外表不如其他女生、又被她們嘲笑，所以不想去學校。

「醫生，那我女兒該怎麼辦？」我爸問。

「首先，抽血檢測，把兩百多項過敏原都找出來，不再碰它們，過敏就會改善；接下來，吃有足夠胺基酸和維生素的食物；最後，開始早睡早起，刺激生長激素分泌。這樣的話，不用吃藥也會改善。」醫生看著我，很有信心地說。

一邊聽著，我真的心動了。

以前爸媽強迫我吃、強迫我早睡，我就是不想。不過，現在我想要為自己努力，把飲食和睡眠調回正常，先把過敏治好，接著改善皮膚，最後讓自己長高，然後風光地回學校……畢竟，皇后也是國色天香啊！

「做過敏原檢測的費用是？」爸爸問醫生。

醫生說了。爸爸轉過頭，狐疑地看著我，說：「抽了血，就要開始避掉過敏原，**妳做得到嗎？**」

「沒問題。」我斬釘截鐵地說。

「妳要百分之百確定，我才讓妳抽這個血。」

「我一很一確一定。」我加強了語氣。

「我不相信妳做得到！」爸爸大聲地說。

「爸爸別擔心，孩子現在了解長高的醫學原理了，她會願意去做的。」醫生解釋。

「**不**，醫生，你不了解她。她每次在外人面前都說好，回家後都不配合，還對我大小聲。**她根本做不到。**醫生你別聽她的。」

我僵住了，醫生也說不出話，爸爸則一直盯著我。

最後，我說：**「我覺得我應該做不到，不要抽血好了。」**

回到家，我覺得好累，什麼都不想配合了。關上房門前，我向著客廳無力地說：「×，我真的是你們親生的嗎？」

我不知道他們有沒有聽到。

鎖上門，我往後倒在床上，活像墜樓似的。

我發現臉頰有點溫熱，原來淚水正流下。我躲到棉被裡，然後，登入『後宮××傳』，螢幕傳來 T__T 的訊息：

T__T：多謝皇后娘娘恩典，本宮已經換到甄嬛精魂，也拿到心計石。我想送妳一句話，你想不想聽？

皇后：娘娘今天心情超差不想聽，但，你還是講吧！

T__T：妳聽了可別嚇到——如果今天我是男生，一定會瘋狂愛上妳。

我心裡湧進溫暖的洋流，難道是眼淚流進了心裡？強忍嘴角冒出的笑意，我很快地輸入——

皇后：屁啦！玩手遊不講這些。

⚲⁺ 張醫師的診療室

要學會「肯定式責備」

臨床上，網路成癮治療常被歸類為精神科醫師或心理師的管轄範圍。**問題就在這裡**，成癮者戒癮動機薄弱，又害怕被貼上「心理問題」或「精神疾病」的標籤，更擔心父母或醫生藉故斷網，因而拒絕向心理專業人員求助、抗拒改變，是常有的事。

故事中的醫師十分巧妙地引發出孩子為自己改變的動機，十分難得！沒想到劇情急轉直下，阻止孩子改變的，不是自己，正是拉她來看病的爸爸。他連續三次質疑孩子：

──「但是，**妳做得到嗎？**」
──「**我不相信妳做得到！**」
──「**不⋯⋯她根本做不到。**」

最後，孩子也投降了，說：

──「**我覺得我應該做不到**，不要抽血好了。」

在這一幕中，我們看見了孩子網路成癮的原因：有些家長沒考慮到青春期孩子對於自主性（autonomy）的高度需求，想當然耳地幫孩子做決定，過度控制了孩子，甚至出現親子界限混淆，形成連體嬰一般的共生關係，把孩子當成自我的一部分使喚。

當家長持續希望孩子「做不到」的時候，脆弱的孩子最終認同了家長，也真的認為自己「做不到」了。孩子的自我在成長中，受到家長強大的壓抑後，將陷入無力感，喪失行動的慾望，從這世界撤兵，退回內心最深處。「哀莫大於心死」，孩子就像年輕的太陽，頓時萎縮為白矮星。

如果你是這個孩子，難道不想逃嗎？趁還有點力量的時候，逃！逃！逃進網路的忘憂谷。

家長需要自我檢視，是否價值觀有矛盾之處。可能安排孩子暑假去歐洲玩一趟，花上二、三十萬毫不手軟，孩子手上拿的更是四萬元以上的最新智慧型手機，但講到要花錢讓孩子接受治療，再平價的醫療都嫌昂貴，因而錯失治療良機。

家長可能責備孩子拒學，也責備老師或醫師：「為何你沒能改善我孩子的拒學問題？」家長一直責備他人的時候，也需要面對自己的教養責任。可是，責備習慣一時改不了，該怎麼辦？

那就學習「**肯定式責備**」吧！

孩子不是不能批評，而是要避免破壞性的批評，採用建設性的批評，期許孩子可以做得更好。故事主人翁「皇后」的爸爸──「太上皇」應該這樣說：

「**不**，醫生，你不了解她。她每次在外人面前都說好，回家後什麼都不配合，還對我大小聲……**她明明就做得到。**」

那麼，「皇后」就還有機會！

整合醫學的實踐

接下來，我們來談談，醫生成功引起孩子動機的秘訣在哪裡？

醫生不僅具備心理療癒能力，更懂得從各種抱怨身體不適的話語

中，靈活而巧妙地切入，幫助網路成癮的孩子跨越心中的抗拒，打破痛苦的惡性循環。原來，他靈巧應用整合醫學，提供了歐美高品質的「全人醫療」，而不是五馬分屍式的「專科醫療」。

之一：從過敏症狀切入

故事女主角「皇后」看來不太擔心自己網路成癮，卻相當在意外表，包括：臉癢抓到黑色素沉澱、膚質超差、黑眼圈像貓熊、一直揉眼睛、鼻塞快窒息、長不高等，這時，醫師從外表切入，很快就能抓住孩子的心，願意為自己的外貌踏出改變的第一步。

「皇后」是標準的過敏兒，事實上，有一半以上的孩子都屬此類。她有異位性皮膚炎、過敏性鼻炎、過敏性結膜炎等，身受過敏所苦，醫師很自然地和孩子談到改善過敏對於外表的重要性。

所謂完整過敏原檢測，是功能醫學檢測之一，透過抽血檢測與生物晶片技術，完整檢測環境與食物過敏原（IgE 免疫反應），以及食物敏感原（IgG 免疫反應），可檢驗達上百種過敏原與敏感原。

當檢驗結果出來，需要透過醫生專業指導，協助孩子採取適當的低敏飲食（Elimination diet, or oligoantigenic diet），並提供飲食營養諮詢，以減輕過敏症狀，從而減少鼻塞、眼睛癢、黑眼圈及搔抓引起的黑色素沉澱。

過敏原與敏感原檢測

針對常見環境與食物分子的完整過敏原與敏感原檢測，並根據報告結果，迴避引起過敏或發炎的食物項目。實證研究發現能不

同程度地改善腸躁症、發炎性腸道疾病、過敏疾病（異位性皮膚炎、氣喘、過敏性鼻炎、過敏性結膜炎等）、偏頭痛、過敏或發炎相關大腦症狀（分心、健忘、過動、對立反抗、抽搐、焦慮、憂鬱等）。

曾有孩童接受食物過敏原檢測後，父母發現大部分食物都過

表六　深色代表過敏原反應嚴重度，淺色代表敏感原反應嚴重度

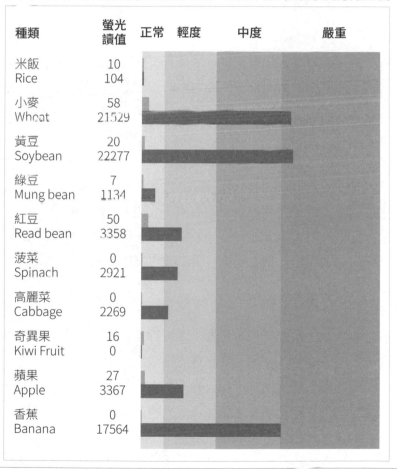

種類	螢光讀值	正常	輕度	中度	嚴重
米飯 Rice	10 104				
小麥 Wheat	58 21529				
黃豆 Soybean	20 22277				
綠豆 Mung bean	7 1134				
紅豆 Read bean	50 3358				
菠菜 Spinach	0 2921				
高麗菜 Cabbage	0 2269				
奇異果 Kiwi Fruit	16 0				
蘋果 Apple	27 3367				
香蕉 Banana	0 17564				

敏，只讓他吃白飯，這是完全錯誤的！應在醫師或營養師的專業指導下，注意「替代」、「均衡」、「兩害相權取其輕」三大飲食原則。

「替代」指的是用其他同類食物來取代，「均衡」表示優質蛋白質、好油、維生素、礦物質的均衡飲食，「兩害相權取其輕」則是仍可吃輕度過敏原或敏感原，僅迴避中度、重度項目。

許多網路成癮者害怕看醫生，因為害怕吃藥而拒絕了醫學。這非常可惜，因為藥物治療只是浩瀚醫學的一小部分。具整合醫學專業的醫師能提供實證醫學上的豐富選項，讓當事者重拾療癒的信心。

醫師告訴「皇后」：「這樣的話，妳不用吃藥也會改善。」當孩子願意調整生活方式、睡眠與飲食，多花時間在改善過敏，不消說，也會縮短上網時間，成癮狀況自然改善。

與此同時，孩子願意為自己的身體「改變」，開始愛惜自己。現在能夠愛惜身體，未來能夠逐漸愛惜大腦、愛惜自己的心。當累積了第一次成功經驗，就能夠期待第二次的成功了。

之二：從皮膚症狀切入

有位國中七年級女學生，長期上課恍神、注意力不集中、容易打瞌睡，但她不在意，反倒十分在意滿臉痘痘。父母帶來求診時，我發現原來她為了想交朋友，每天晚上躲在棉被玩手機遊戲，凌晨兩點才睡、早上六點又要去上學。每天只睡四小時，長期下來除了專注力與學習力受影響，也讓臉上爆痘。

我故意不談大腦症狀，反而詳細為她分析痤瘡的病因，和皮脂分

泌旺盛、角質層代謝不良、痤瘡桿菌過度繁殖、皮膚發炎反應、氧化壓力（自由基）太大等因素有關。她很有興趣了解，並且高度配合我給她的建議。

網路成癮者也可能苦惱於肥胖，覺得自己很醜，害怕被他人嘲笑，更容易躲在房間裡打電動。

這時，我會和當事者討論肥胖的原因，和久坐打電動、壓力性進食、吃高熱量低營養的垃圾食物、缺乏運動習慣、睡眠時數不足有何關聯，鼓勵當事者為了自己心中美的目標，以及長遠的健康，開始進行瘦身計畫，自然能夠離開電腦。

你看，整合醫學是不是很靈活呢？面對網路成癮的孩子，不見得要從心理切入，從皮膚與美容的角度更能順利獲得案主的青睞。

之三：從視力症狀切入

過度使用 3C 也常危害到視力。

2018 年，國民健康署發表委託台大醫院所進行的「兒童青少年視力監測調查」，發現幼兒園小班學童近視率 7%，大班 9%，小一學童陡升至 19.8%，小二學童 38%、小三 43%、小四 52%、小五 62%、小六 70%，每個年級劇增 10%。國一生近視盛行率則超過 81%、國二 85%，國三逼近 90%，高中生則在 86 到 89%。相較於七年前的大調查，所有年齡層近視率都增加，特別是國中生。

眼科醫師陳瑩山也報告，新竹一名十八歲男高中生近視六百度，抱怨視力模糊，進一步檢查竟發現白內障！他從小學高年級就開始天天打線上遊戲，國中加上滑平板，高中開始每天滑手機四小時，手機或平板的高能量藍光，像「溫水煮青蛙」般地「煮」水晶體，因而出現「煮熟」似的白內障，是眼球「早衰」，無法靠吃藥或復

健逆轉，只有手術置換人工水晶體一途。

不論老小，使用3C產品時間愈來愈長，對於視力絕對非益事。3C 的 LED 螢幕藍光容易導致睫狀肌過度疲勞、產生自由基讓水晶體提早退化、傷害視網膜細胞，導致高度近視、白內障、黃斑部退化，甚至失明，以兒童青少年受害最深。在國民健康署的調查中，三分之一的台灣高中生達到高度近視（五百度以上）的嚴重度，這意味著有 10% 未來會失明，已經超過青光眼、糖尿病視網膜病變所導致的失明！

不少孩子就寢時間後，還想玩手機，為了避免家長發現，偷偷躲在棉被裡滑手機，這時的藍光傷害達到最大，相當於凝視一顆小太陽，眼睛容易酸澀、揉眼睛以致長針眼、近視度數大幅增加，更蒙受了他們無法想像的失明風險。

醫師可以和孩子討論：若想長大還能夠「看」手機，就得每天戶外活動兩小時，因為研究指出，戶外光線刺激視網膜，能促進製造多巴胺，阻止眼球橫向拉長而預防近視發生。而且，小學生下課教室淨空每周十一小時戶外活動，可有效下降近視率，在走廊或樹蔭下進行戶外活動，也能預防近視。

國民健康署更提出「護眼 123」的口號：每年定期視力檢查一至二次，未滿兩歲不要看螢幕，就算滿兩歲、每天也不應超過兩小時，每天戶外活動二至三小時，用眼三十分鐘應休息十分鐘。

考量到每日長時間接受 LED 螢幕藍光與強光照射，眼球各部分有大量自由基產生，傷害視網膜上的黃斑部（視神經末端），醫師可和孩子討論抗自由基營養素的重要性，包括：葉黃素、蝦紅素、花青素、DHA 與其他護眼營養素，主動透過健康飲食或營養補充來改善。

之四：從睡眠切入

我當時怎麼跟爆痘的當事者談話呢？

我問她：「妳想擁有『天使般的臉孔』嗎？」

她點頭，我說：「那妳得好好睡個『美容覺』了！妳今年十三歲，妳知道晚上要睡幾個小時嗎？」

她愣了一會兒，猜：「七個小時？」

我說：「答案是：九至十一個小時。如果妳的體質像拿破崙睡不多，也要睡九小時。如果像愛因斯坦一樣，每天都要睡很久，那就得睡十一小時！」

她瞠目結舌。

我解釋道：「當妳睡美容覺的時候，有一種荷爾蒙褪黑激素會大量分泌，能夠幫忙清除皮膚上的自由基，減少皮膚黑色素沉澱與過敏。千萬不要小看『睡一醒』生理時鐘的重要性。2017 年有二位學者就因為研究生理時鐘的機制，得到諾貝爾醫學獎呢！」

自此，她有了改變的動機，為了「美容覺」，晚上九點就上床，隔天早上六點起床，一開始很不適應，後來也就習慣了——跟她之前滑手機滑到愈來愈晚，其實是一樣「自然」的。當她臉上的痘痘戲劇性地消失、膚況大幅改善，有了自信心，也就有了堅持下去的強烈動機。

我也鼓勵故事中的「皇后」避免熬夜、充足睡眠，擁有了最佳睡眠結構，就有足夠的生長激素分泌，才能繼續長高。兒童青少年多半在意自己是否肥胖，事實上，肥胖的關鍵之一，正是睡眠不足。前述紐西蘭丹尼丁長達四十四年的追蹤研究發現：兒童時期若睡眠少，長大就容易發胖。當孩子看數位螢幕時間過長，導致睡眠不

足，引發多種荷爾蒙失調，特別是飢餓素增加、瘦素降低，引起飢餓感、無法控制食慾、過度進食，最終出現肥胖。外表肥胖之後，又引發自信心不足、過度在意他人批評、憂鬱等一連串負面身心反應，更需要數位螢幕的慰藉。

　　網路成癮者普遍有睡眠不足（剝奪）的現象，導致白天嗜睡，降低體力、認知功能、學習效率，甚至容易出現交通意外。從睡眠與生活作息的角度切入，可說是讓孩子戒癮的重要契機。

表七　美國睡眠基金會針對不同年齡層睡眠長度的建議

階段	定義	睡眠時間（小時）
新生兒	0-3 個月	14-17
嬰幼兒	4-11 個月	12-15
幼兒	1-2 歲	11-14
學齡前兒童	3-5 歲	10-13
學齡兒童	6-13 歲	9-11
少年	14-17 歲	8-10
青年	18-25 歲	7-9
成年	26-64 歲	7-9
老年	65 歲或以上	7-8

參考來源：https://www.sleepfoundation.org/excessive-sleepiness/support/how-much-sleep-do-we-really-need

之五：從飲食切入

我們再思考一個更根本的問題：許多孩子網路成癮的病因，在於日復一日的壞心情，包括：焦慮、煩躁、易怒、不悅、低落、憂鬱等，自然就想滑手機或打電動。

這些負面心情常沒有明顯原因，也看不出和壓力的關係，從每天一大早的「起床氣」就開始發作，究竟是為什麼？

答案是，一個長期被家長與醫師們忽略的病因：飲食不當。

現今孩子們怎麼吃？

早餐是培根三明治配奶茶，中餐是果醬麵包加手搖杯，晚餐是泡麵搭鹹酥雞。可能是因為時間不夠、偏食習慣，更常是因為爸媽也是這樣吃的。

這樣吃，和心情不好有何關係？

這種飲食型態，特徵為高糖、高油（飽和或反式脂肪）、低纖、化學添加物，稱為「標準美式飲食」（Standard American Diet），縮寫為 SAD，也就是「悲傷飲食」的意思！

「悲傷飲食」造成負面情緒的機制，包括了：大腦必需營養素不足、腸道與免疫系統發炎、腸道滲透性異常、腸道菌失調、大腦慢性發炎等。

「皇后」的媽媽有憂鬱症，在教養上角色變弱，剩下爸爸與她互動。媽媽也需要避免「悲傷飲食」。

當孩子負面情緒一多，自然容易過度使用手機與網路遊戲，接下來造成睡眠不足，一方面誘發心理症狀，如注意力不集中、過動、衝動；一方面誘發生理症狀，如長痘痘、皮膚與鼻子過敏、黑色素沉澱。

前者導致孩子在學業與社交上失去自信，後者在身體形象上的缺陷，更打擊其自信。對於青少年而言，光是長座瘡就提高了自殺風險。生理、心理雙重打擊，再次惡化負面情緒，會出現手機與網路遊戲成癮並不叫人意外呀。

　　所以要從根源上解決網路成癮，一定要避免「悲傷飲食」。

　　如何自然擁有好心情？就從飲食開始。

　　根據醫學文獻與臨床經驗，我提出「五級食力」，第一級就是「華人地中海飲食法」。

　　地中海飲食是獲得最多實證醫學研究支持的飲食療法，來自歐洲地中海周邊的義大利、西班牙、希臘等國家，能減輕憂鬱、焦慮與

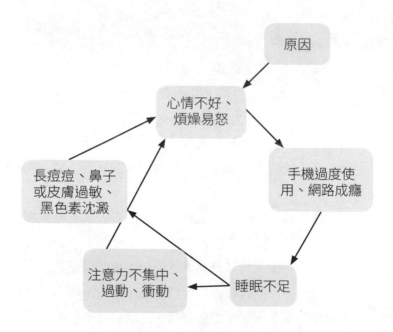

圖 2｜現代孩子「心情不好」原因分析圖

認知功能症狀，顯著提升大腦功能。

我根據華人飲食文化修訂爲「華人地中海飲食」，內容有十大原則：全穀類食物、綠色蔬菜、莓果類、根莖類（地瓜、馬鈴薯）、黃豆類（豆腐、無糖豆漿）、堅果、白肉（魚肉、雞蛋、雞肉）、乳製品（無糖優格）、好油（橄欖油）、適量紅酒。

這些食物能供給大腦關鍵營養素：

- 胺基酸（色胺酸、苯丙胺酸、酪胺酸、麩胺酸等）：協助製造多巴胺、正腎上腺素、血清素、褪黑激素、γ-胺基丁酸、乙醯膽鹼等神經傳導物質。

- ω-3 不飽和脂肪酸（DHA, EPA）：DHA 負責神經細胞膜功能與穩定度，也構成神經元髓鞘，決定電傳導速度，維持血清素、正腎上腺素和多巴胺功能。EPA 有助調節大腦免疫功能、改善神經發炎。

- 維生素 B 群（特別是 B6、B12、菸鹼酸、葉酸）：是合成以上神經傳導物質的關鍵輔酶。

- 維生素 C：是重要的抗壓維生素，能將多巴胺催化爲正腎上腺素與腎上腺素等壓力荷爾蒙，協助大腦因應壓力。

- 維生素 D：調節腎上腺素與正腎上腺素製造、控制神經生長因子、調節杏仁核功能、保護腦神經。

- 微量元素（如鐵、鎂、銅、鋰、鋅等）：和維生素 B 群一起作用，也是合成以上神經傳導物質的關鍵輔酶。

- 膳食纖維：改善腸道共生菌生態（增加好菌、減少壞菌），減少腸道黏膜發炎，提升整體腸道健康，調節「菌腸腦軸」（microbiota-gut-brain axis），提升大腦功能。

表八　神經傳導物質的功能與失調症狀

重要神經傳導物質	主管大腦功能	失調所導致大腦症狀
多巴胺	動機、快樂、專注力	動機低下、憂鬱、注意力不集中、過動、衝動、成癮行為
正腎上腺素	活力、警覺、專注力	焦慮、恐慌、憂鬱、注意力不集中、過動
血清素	平靜、放鬆、睡眠	失眠、焦慮、恐慌、憂鬱、易怒、暴力、自殺、強迫行為
褪黑激素	睡眠	失眠
γ-胺基丁酸（GABA）	放鬆、睡眠	失眠、焦慮、恐慌、緊繃
乙醯膽鹼	記憶力	健忘、失智

　　看起來非常複雜的大腦營養學，透過華人地中海飲食，就能得到基本分數。嫌菜色內容太複雜嗎？我提供給你口訣：「三種開心果，全穀加魚油」。

　　三種「開心果」指「蔬」「果」、莓「果」與堅「果」：大量蔬菜、水果，綠色蔬菜尤佳，莓果包含：草莓、藍莓、蔓越梅、櫻桃；適量堅果，如腰果、核桃、開心果、杏仁。

　　全穀如糙米、全麥、燕麥；魚指深海魚肉，小型魚較少重金屬累積的顧慮，因此更佳；油指魚油或橄欖油。

　　讀者可以在整合醫學醫師或營養師的指導下，挑選合適自己的飲食型態。除了前述的低敏飲食、華人地中海飲食之外，其他改善大腦症狀的實證飲食療法還包括：

→ 得舒飲食（DASH）：原名爲「Mediterranean-Dietary Approaches to Stop Hypertension」，從地中海飲食衍生出來改善高血壓的飲食療法，特性是高鉀、低鈉、高鎂、高鈣、高膳食纖維、不飽和脂肪多於飽和脂肪，研究發現和地中海飲食在神經保護效果相當，且全穀類、堅果、豆類攝取愈多，認知功能愈佳。

→ 心智飲食（MIND Diet）：原名爲「Mediterranean-DASH Intervention for Neurodegenerative Delay」，針對神經退化的地中海式得舒飲食，神經保護功能佳。

→ 低升糖指數／升糖負擔飲食：攝取低升糖食物，如：全穀類、豆類、蔬菜，維持健康的血糖與胰島素濃度，研究發現能預防憂鬱與認知功能退化。

→ 正念飲食：放下手邊雜務與心中雜念，專注地用餐，覺察食物的體驗，抱持開放而接納的態度，能夠創造生活樂趣、減少負面情緒，讓大腦從疲勞中修復。

事實上，營養素對大腦、眼睛重要，更是漂亮皮膚的關鍵。

我鼓勵當事者，在飲食中補充足量的胺基酸（脯胺酸、離胺酸、胱胺酸、酪胺酸）、維生素 A、維生素 B5、維生素 C、維生素E、矽、鐵、鋅等，皮膚才有充足膠原蛋白與彈力蛋白，就有「資格」擁有漂亮的皮膚！

何謂功能醫學檢測？

　　許多家長抱怨，讓有過敏或大腦症狀的孩子吃保健食品，花了錢卻沒得到理想效果。這是有可能的，因為每個孩子的病情，以及最需要的營養素大不相同。

　　身為專長整合醫學的醫師，我會安排功能醫學檢測，了解每個人不同的體質弱點，再精準給予營養補充策略，包括：魚油、益生菌、維生素 B、D、C、E、A，和各種礦物質、各種植化素、各種胺基酸、其他營養素等，才能讓營養補充的療效真正發揮出來。

　　所謂功能醫學檢測，是透過生理醫學與生物化學檢測，找尋大腦與身體症狀的關鍵病因，常牽涉七大生理系統失調：

1.錯誤飲食與營養失衡
2.荷爾蒙系統失調（包括腎上腺、甲狀腺、性腺、胰島等）
3.免疫系統過度發炎
4.腸胃與腸道共生菌失調
5.毒物累積與肝臟解毒異常
6.能量代謝與氧化壓力異常
7.心理壓力與睡眠品質欠佳（自律神經失調）

表九　功能醫學檢測表

七大關鍵病因	常用功能醫學檢測
7. 心理壓力與睡眠品質欠佳（自律神經失調）	・自律神經檢測 ・神經傳導物質檢測 ・甲基化（methylation）代謝檢測 ・脂蛋白E（apolipoprotein E）基因型分析（失智症風險）

6. 能量代謝與氧化壓力異常	· 氧化壓力分析（氧化傷害、抗氧化解毒酵素、抗氧化物） · 抗氧化維生素檢測 · 抗老化生長因子分析
5. 毒物累積與肝臟解毒異常	· 毒性重金屬檢測 · 環境荷爾蒙（塑化劑、防腐劑、清潔劑）檢測 · 雌激素肝臟代謝檢測 · 肝臟解毒酵素功能檢測
4. 腸胃與腸道共生菌失調	· 基礎代謝健康檢測 · 腸道黏膜滲透性檢測 · 腸道系統綜合分析檢測
3. 免疫系統過度發炎	· 食物過敏原（測定IgE）與敏感原（IgG）檢測 · 環境過敏原（IgE）檢測
2. 荷爾蒙系統失調 （包括：腎上腺、甲狀腺、性腺、胰島等）	· 腎上腺荷爾蒙皮質醇檢測 · 全套甲狀腺荷爾蒙檢測 · 女性生育期或停經期荷爾蒙檢測 · 男性荷爾蒙檢測 · 血糖代謝健康檢測（含糖化終產物） · 脂質代謝健康檢測 · 血管內皮健康功能檢測
1. 錯誤飲食與營養失衡	· 基礎代謝健康檢測 · 微量礦物質檢測 · 維生素D檢測

　　根據檢測結果以及病史，醫師方能建議結合飲食、營養補充、生活型態和心理諮詢的整合治療策略。（編按：進一步了解整合醫學策略的執行細節，請參考作者《大腦營養學全書》）。

從身體、睡眠、飲食切入的整合醫學策略

▶ 家長運用「肯定式責備」，肯定孩子任何想為自己改變的動機。

▶ 鼓勵為了擁有漂亮皮膚，積極調整健康生活型態，包括均衡飲食與睡眠。

▶ 肯定不喜歡過重或肥胖的想法，避免久坐，盡可能出外活動或有氧運動。

▶ 透過低敏飲食法，完整迴避環境與食物過敏原／敏感原，改善過敏與相關大腦症狀。

▶ 每天戶外活動兩小時，每三十分鐘就讓眼睛休息五到十分鐘，預防視力危害。

▶ 透過均衡飲食、營養補充來攝取護眼營養素：葉黃素、蝦紅素、花青素、DHA 與其他。

▶ 鼓勵孩子避免熬夜、睡眠不足，多睡「美容覺」。

▶ 避免高糖、高油（飽和或反式脂肪）、低纖、化學添加物的「悲傷飲食」（標準美式飲食），它們會帶來壞心情。

▶ 吃華人地中海飲食：「三種開心果，全穀加魚油」，吃食物自然擁有好心情。

多元治療
從生活型態到生命教育

　　筆者從事網癮治療十餘年來，發現成效雖不錯，仍遭遇許多挑戰，包括：

・有些案主的動機低落，不管是踏進診間、思考改變或做出改變。

・有些未接受完整的療程：每週一次，為期三至六個月是必要的，視當事者實際病情可能需要更久。

・部分網癮者改善的持續度不佳，出現網癮復發。

・部分父母對治療的參與度低，且不願為了案主改變自己。

・部分案主根本拒絕接受治療，父母親友無法帶案主來診間。

　　如何突破呢？讓我們從以下故事說起。

📱 網路心理極短篇：乾杯咖啡

　　小妹妹看起來剛滿周歲，穿著粉紅毛茸茸的上衣、深紫色蕾絲裙和黑色棉質長褲，坐在嬰兒車上。

　　突然，她把礦泉水瓶丟到地上，發出鼓一般沉悶的聲響。瓶裡還有三分之一的水量。她若無其事，一雙大眼睛倒映著金色水晶吊燈，兩片睫毛從容地扇著，往我這邊看過來，接著尖叫——啊！

　　我彎下腰，把水瓶撿起來、放回她手上。她望著我的神情有些疑惑，接著又把水瓶丟到地上。我再幫她撿起來，一連三次。

她的媽媽注意到了，連忙把水瓶收起，並且向我道謝。

店長藍阿姨在吧台，也轉過頭對我微笑。她的白色T恤上，畫著兩只咖啡杯碰在一起、咖啡四溢的圖案，描繪出乾杯的神態，搭配淺藍色牛仔短褲。

來店裡打工三個月，這是我心裡最溫暖的一刻。

藍阿姨，我大姊同學的媽媽，自×大營養系畢業，不想當員工一輩子被使喚，決定挑戰當老闆，跟銀行借了一筆信用貸款開了這間「乾杯咖啡」，實踐她的健康概念，鼓勵客人「以咖啡代酒」。

我聽她說，喝咖啡可以提升記憶力、避免神經退化、還預防什麼——「低密度膽固醇」之類的被氧化，比較不會得高血壓和心臟病。我聽得霧煞煞，但生物課本好像有講過……

生物課本，上一次我看到它，可是半年前了。

我覺得高中課本好難，不可能懂的。國中還應付得過來，高中以後真的跟不上。

麻煩的是，大姊和二姊成績好，爸媽總是碎念我成績。國中時都說只要我快樂就好，都順著我，但高中以後一直念我，很煩。

還好，打「英雄××」電玩讓我忘掉煩惱。但我心裡也很清楚：煩惱還在，而我已經忘不掉電動了。沒有玩電動的時候，整個人非常焦躁，不像自己。

那是我去○○高中的最後一天，回家後，我照例躲進房間打「英雄××」。突然，媽媽發飆衝進來——她有憂鬱症又胃潰瘍——砸了我的「羅技」極速鍵盤，我也摔了她的「哀鳳」，扯平。隔天她氣消了，我也不去學校了。爸爸不想理我們兩個。

之後，我每天玩到半夜四點，隊友都下線了，我才上床。總睡不著，摸摸額頭，還是燙的，比電腦主機還燙吧！我的神經亢奮著，

沒辦法關機。

我偷偷拿出藏在床頭櫃深處的情色小說，封面是一位日本比基尼辣妹，向著我彎腰，讀著讀著，嘴巴不自覺地張大，幻想她來到房間，陪我克服失眠、孤單與恐懼……天亮的時候，我終於睡著了。

那天被叫醒已是下午三點，媽媽正在翻我的小說。可惡！

「Hero，你怎麼在看這種東西！也不把課本拿起來看？」她皺著眉頭，語氣甚是不滿。

「難道妳要我像同學抽煙、喝酒、甚至吸毒嗎？」我反駁，她才閉嘴。

她不知道班上會「看書」的同學不多，我還會「看小說」，只是沒去學校而已。這禮拜，我有點想去看課本的 FU，比較早離開遊戲，爬上床看小說，作文能力至少有點進步吧？被她這樣一講，我連小說也不太想看了。

我有兩個姊姊，大姊成績最好，現在念×大營養系三年級，偶而會關心我。二姊高職畢業直接進保險公司，過著自己的生活，房間貼滿韓星 RAIN 的海報，每天回家就是查他的最新照片和新聞。我笑她「花痴」，她罵我「魯蛇」，我們見面沒講過好話。

三個月前，大姊敲門進來，坐下跟我說：「我同學的媽媽開咖啡廳，剛好有個工讀生去當兵，缺一個服務生。我馬上推薦你，你願不願意試試看？」

我幾乎要脫口而出不要，但想到大姊向來關心我，還跟同學的媽媽推薦我，對我這麼有信心，我難道對自己沒把握嗎？

而且，這次如果不去，我可能會這樣一直打電動打到老，真可怕！再說，如果我不去，不就害大姊難做人嗎？

「你怎麼了？」

「沒什麼。好，我去，但只試試看，不保證做好啊。」

「太好了！你沒問題的。因爲你還未成年，薪水會匯到媽媽戶頭，由媽媽保管。要用的時候，跟媽媽說一聲就好。」

就這樣，我開始在「乾杯咖啡」當工讀生。

藍阿姨第一次見到我，也沒說什麼，就指揮我去洗咖啡杯、擦桌子，還去洗廁所，搞得我腰酸背痛，但一天很快就過了。

下班前，她轉頭跟我說：「Hero，你不錯喔！」

說也奇怪，從我開始工作的那一天，心底的煩躁感就消失了，看到電腦也沒那麼衝動想玩。

過年那陣子生意很好，店裡很忙，藍阿姨發給我紅包八千塊。我交給媽媽存到戶頭，只留一千塊去買情色小說。

另一件奇怪的事是，我開始工讀以後，媽媽的語氣也變好。有次我在房間隱約聽到她跟大姊說：「你弟現在比較願意講話，個性比上學那時候還更成熟！不管怎樣，他依然是我的小孩，不愛念書而已。這袋高級堅果禮盒，妳幫我拿去給藍阿姨，說我很謝謝她……」

好久沒聽媽媽說我的好話，心裡其實很開心。但我想澄清，不是不愛念書，只是不愛念課本。

「乾杯咖啡」就在○○高中旁邊的巷子裡，這是我國三時夢想考進去的學校，因爲，男學生的西裝制服超帥，女學生的紫色蘇格蘭裙好漂亮。

我發現，自己竟然有重新準備會考的衝動。

是該離開「乾杯咖啡」的時候了。

我會跟藍阿姨乾杯！

🔍 張醫師的診療室

就像 Hero，有網路遊戲成癮且拒學在家的青少年，父母常感到沒轍。這時，手足卻能幫上一些忙。因為，透過較為平等的、朋友的關係，可以幫助網癮者減輕心理阻抗、放心地面對內心痛苦、做出改變的行動。

在故事中，工作為什麼能帶給 Hero 療癒？

Hero 在工作中，創造並看見自己的價值，與藍阿姨、客人等產生有意義的人際連結，同時做出為生命負責的行動。網路成癮的核心問題，正在於困惑的自我認同。

工作，是一種生活型態治療。看到 Hero 在工作成長、順利走出網癮的經歷，讓我也想「懺悔」自己的經歷。

我的高中時代：社團生活

現今青少年的美好時光，幾乎在手機或網路遊戲中度過。高中老師向我表示，同學參加社團的寥寥可數，大多躲在家裡打電動、或躲在捷運站裡滑手機。大學教授更感嘆，社團一個接一個倒，只剩下一個社團：電競社。

回想我就讀高雄中學時，念書學習之外，同學多熱衷體育活動，放學後先打籃球鬥牛賽，打完再去補習班。

我參加多個社團，包括演講辯論社、人文學社、管樂社、古典音樂欣賞社等，每認識一位社友就擴大一次我的視野，讓我的心靈猛然成長。

我常出席晚上的鋼琴獨奏會，為真、善、美的藝術境界所感動。

常去學校附近的多間書店閒逛，翻閱最新出版書籍，以及世界經典名著，每次總是能挖到寶，心滿意足地離開書店。

那時我也玩一款電玩遊戲，愛不釋手，常常連玩兩個小時還不願意關掉，在父母的善意提醒下，才勉強把電腦關機，把書本打開。

然而，我跟網癮的「孽緣」，不是只有如此。

大學生活前半段：經歷網癮

考進台大醫學系後，我搬進學生宿舍，見識到傳說中的宿舍網路，簡稱「宿網」。

當時，一般家庭只有撥接上網，以分計費，網路十分龜速，好玩的東西不多。但宿網不僅連線快速，二十四小時源源不絕，好玩的東西相當多，包括：BBS 站（椰林風情、批踢踢實業坊等）、聊天室、FTP、MUD、網路遊戲（如絕對武力、天堂、楓之谷、模擬城市等）、搜尋引擎、網頁、各式圖片與影片。

醫學系一、二年級功課壓力不大，我保持高中精神，認真上課並持續參加社團。到了三、四年級，大量而枯燥的基礎醫學科目從天而降，心理壓力大起來，結果我課愈上愈少，也不再參加社團。

我在幹嘛呢？白天室友去上課，我躲在宿舍裡上網，玩 BBS、電玩遊戲和閒逛網路。

週末室友邀約我參加跨校男女學生聯誼，再三保證：「這次貨色真的不錯！」我卻心如止水，毫無反應，眼睛只盯著電腦螢幕。就這樣度過了無數的週六與週日。

沒錯，我逃避了課業，看似每天都能「做自己喜歡做的事」，上線玩遊戲、BBS、逛網站，但心裡一點也不開心。

一天接著一天過去，我實在說不出自己做了什麼事。一個禮拜過

去，仍原地踏步。而且，「三日不讀書，便覺面目可憎」，對自己沒信心，不太願意碰到同學，讓自己備感壓力。

我想過要控制上網時間，卻總是失敗。滑鼠像用強力膠黏在手掌心了，再也拔不開！因為失控，心中的無力感更強，更覺得鬱悶。一學期過去，低空飛過的成績讓我對未來沒了想法，感到迷失。

大學生活後半段：走出網癮

還好，後來發生一件事，扭轉我的網癮宿命。

台大醫學系自從甲午戰爭隔年 1895 年創立以來，到了 2004 年我讀四年級的時候，所有醫學生只能專攻醫學，沒有輔修其他科系的機會，即使校總區其他系所都已經有輔修的制度。

據說解剖學之父維薩留斯（Andreas Vesalius）曾說：「學醫的人，不應該結婚。」因此，醫學系主任也認為：「醫學用七年來學都不夠時間了，還學不好咧，談什麼其他呢？」

拜學長姊革命之賜，到了我這屆，系主任終於開放可申請輔系。我的一位室友平常以懶散著稱，也和我一樣沉迷上網，每次考試要抱佛腳之前都說：「我先上個小網吧！」結果他整個晚上就廢了，到了半夜什麼都沒做。

沒想到他竟然說要去修物理輔系，因為喜歡看星際大戰影集，為了搞懂劇本裡的天文物理是真是假。

我很吃驚！他都開始認真了，那我呢？難道我要繼續網癮過完七年？有辦法畢業嗎？或者畢業時我什麼都不會怎麼辦？以後要當醫生嗎？若要當醫生，要走什麼科？若不改變，難道我的人生就要葬送在網路裡嗎？

我慎重地決定：我也要修輔系，重拾高中時代對文學的興趣。

在決定修輔系的時候，一位女同學看到我說：「聽說你去修輔系了，好好喔！」

我說：「妳也可以啊！」

她說：「我沒有這勇氣，這樣沒辦法跟同屆同學一起畢業啊！」拿出勇氣的結果是，我如願踏上文學院課堂。不再是冰冷、死亡的解剖學知識，而是生命意義的討論、文學藝術的感動，以及多彩的社交生活。我花更多時間在結交友誼、參與社團、走進大自然。

很奧妙地，網路對我不再有「致命的吸引力」。週間，我坐在電腦前，自在地拿起書本閱讀並且思考。週末，我離開宿舍，參加各種活動。

我的工作歲月：終結網癮

修完輔系課程，我回到醫學系五年級，擔任見習醫生。

你若到醫學中心看診，醫師詳細問診、檢查、紀錄，動輒花上一小時。你驚嘆，從沒看過看診這麼仔細的醫生，充滿期待地問他：「那麼，醫師，我的診斷是什麼？」

醫師頓時陷入沉默，過了五秒鐘告訴你：「我也不知道，等下主治醫師幫你看就知道了！」

原來，你還沒看到真正的醫生。剛剛那位問診詳細的，正是見習醫生，當時的我。

見習醫生除了在門診幫忙寫初診病歷，更需要參與病房工作，特別重要的是：在晨會中報告病房所有病人的病例。這需要在上班前一天，就先到病房去找病人問診、進行身體檢查，收集所有檢驗檢查報告、病歷資料等。

理論上，應該由資深的住院醫師，甚至主治醫師來報告病例才合

理，為什麼叫「狀況外」的見習醫師報告？

見習醫師報告肯定錯誤百出，這時坐在底下的主任、教授、主治醫師勢必「狂電」痛罵：「現在醫學生的素質怎麼這麼差，真是一代不如一代！」或者，「長那麼大的頭殼，是為了戴帽子用的嗎？」還有過教授把病歷直接從樓上往下丟的。反正，主任、教授、主治醫師愛怎麼罵就怎麼罵，罵到消完起床氣，罵到心裡爽歪歪以後，心情正常了，才有辦法看門診，不會動不動就罵病人啊！

有次我正在報告，往下看去，猛然見到正中間坐著柯文哲醫師，雙手抱胸瞪著我，我頓時感到頭眼昏花……不知過了多少時間，我已經在會議室外面，不知剛剛發生了什麼事。可說是人生第一次「解離」（意識分離）經驗。

晨會完，就進手術房立正站好，拉勾一整天，當然不可能打電動或玩 BBS。到了晚上七點下班，回到宿舍，見到電腦的第一反應：不是想打電動紓壓，而是想上床睡覺。但我不能睡，因為跟柯文哲醫師報告的唯一下場，就是：「明天重報！」於是我又得撐著睡意，更認真地準備病例……

沒想到，這樣的醫學生涯一過就是十五年！生命發生許多大小事，但網癮這兩字，卻從未再進入我的生命。我工作、休閒都會上網或滑手機，但不再失控，真正做到「上網不上癮」。

生活型態療法

門診中網癮兒童、青少年、年輕人日益增加，我不禁想到當年的自己，在課業上表現不錯、也有些休閒興趣，卻仍栽在網癮中兩年。現在網路遊戲的好玩程度、智慧型手機的方便性都大勝於前，「上網不上癮」的難度已經是先前好幾倍。

因為親身體驗，讓我對於網癮者有探索的好奇心，對他們的處境有同理心，對於療癒的可能性有信心，因此成為國內最早投入網癮治療的臨床與研究的醫師之一。

回首過往，我思考自己大學時代為何會網路成癮呢？我發現這和過度內向、人際退縮、生涯方向的困惑有關。

那麼我又是如何走出網癮？

細究之後，我發現：主觀感到困擾、勇於改變、增加人際互動，特別是一開始讓我覺得痛苦的醫師工作，反而讓我生活變得規律、開始有責任感、收穫成就感，積累更多和患者、同事、師長的互動，每一步都是療癒。

當我從兩年的網癮中走出，就像歐洲經歷第二次世界大戰的摧殘，雖然開始重建，但畢竟付出了龐大代價。我對於網癮的那兩年生活，實在沒什麼印象！在人生中，大學生涯已經夠短了，沒想到我又把兩年泡在水裡。

任何經歷學生時代的人都會同意：學生真的太幸福了！然而，許多孩子像當年的我，將青春浪擲於網路遊戲，錯過了和老師、同學的互動，當然也不會有寶貴的成長與感動的回憶。

我當年走出成癮，憑藉的是自我控制力的基礎，接受同學刺激的機會，在新的環境中做出行動，開啟一連串好的結果。

然而，許多兒童青少年的控制力長期未獲得訓練，人際退縮狀況嚴重，更缺乏適合的環境誘發行動。網癮者無法靠邏輯思考、閉門造車而療癒，只能藉著改變的行動、人際的支持而走出陰影，這時，可以採取「生活型態療法」。

一日不作，一日不食

　　唐代禪宗高僧百丈懷海禪師（720~814）十分謙卑，雖然是得道高僧，但每天種田、掃地、煮飯，比徒弟還勤勞，搞到連徒弟都想把家具沒收，不讓他做。禪師說自己何德何能？怎能麻煩他人來做。最後，禪師真的找不到工具，索幸就不吃了。因而「一日不作，一日不食」的典範流傳千年。

　　網癮與繭居的孩子也是「一日不作，一日不食」：每天既不種田、掃地、煮飯，更不上學，因為，父母親、老師幫他做了以上的事，甚至也不吃。和百丈懷海禪師的謙卑相比，完全逆其道而行。網路成癮，正是健康生活型態的崩壞。父母協助的方向，就是重建真正的「一日不作，一日不食」，讓孩子重新成長：把孩子當成幼兒園，學會三餐進食、自己取餐、學會準時睡覺，進一步像小學生，懂得上學。

之一：戒癮宿營

　　戒癮宿營（therapeutic residential camp）由南韓開始發展，在政府單位主導下推出「跳躍網癮搶救學校」（Jump Up Internet Rescue School），包含十二天十一夜營隊型態的住宿與介入，結合了多種治療元素，包括：職能治療、運動治療、娛樂活動與認知行為治療，屬於多元介入模式。

　　戒癮營隊帶來的好處包括：患者可以離開遊戲環境；在不用 3C 的狀況下，體驗和其他參加者與工作同仁的真實互動；接受積極的心理教育與認知行為治療。

日本國立醫院神奈川醫學與成癮中心依此精神，針對平均十六歲的網路遊戲成癮者，辦理了自我探索營（Self-Discovery Camp, SDiC），為期九天八夜。

十位參加者來自門診或住院，其中五位合併注意力不足過動症，一位有自閉光譜疾患。營隊在位於橫須賀市的國立中央兒童中心，由日本文部科學省委託進行，參加者皆須住在宿舍。他們需要進入「電子排毒」階段，不能攜帶電腦、手機、遊戲機或其他數位裝置。戒癮宿營包含以下課程：

· 認知行為治療，共 14 次，由臨床心理師提供
· 醫學講座，共 3 次，由醫師提供
· 個人諮商，共 8 次
· 名為「我們與網路的關係」工作坊，1 次
· 野外烹飪
· 競走（walk rally）
· 長途旅行
· 木作

以上活動的目的在於：增強對於健康、幸福感、規律生活的覺察，體驗不用網路或數位裝置的溝通，和他人合作、解決問題。並且指派主修教育的大學生擔任志工。

營隊結束後三個月，研究團隊追蹤量測，發現參與者每天遊戲時間明顯減少（由平均十小時降至六‧八小時，減少三‧二小時），每週遊戲時間減少（由平均七十一小時降至四十四小時，減少二十七小時）。此外，在動機式晤談評估量表上的「採取行動」分項有明顯改善。相反地，若發病年齡愈早，問題辨認能力愈差，為高度相關性。

研究團隊分析，戒癮宿營可能增進了問題的覺察能力、解決問題的信心，因此強化了改善網路遊戲成癮的改善動機。透過夥伴關係的營造、與工作人員和其他參加者的一體感，強化了採取行動。

網癮的認知行為治療

認知行為治療是改善網癮的心理治療方式之一，是多元治療中常採取的治療元素，擁有許多實證醫學資料的支持，可以是一對一，也可採取團體治療形式，後者療效可能更佳。

在一開始的「行為治療」階段，檢視網路生活與真實生活，覺察網路生活是真實生活困難的一種替代（displacement），卻可能因沉迷導致危害，鼓勵對於網路生活與真實生活進行時間管理。

在接續的「認知治療」階段，辨識合理化問題的否認心態，高估網路自我、低估真實自我的扭曲思考，全有全無的思考謬誤，挑戰負向思考以進行認知重構。

最後是「減害治療」，辨認出網癮的誘發因素，包括個人的、情境的、人際的、心理上、職場中的，處理潛藏在網癮下的問題，發展替代的真實生活清單，熟練預防復發的技巧。

有興趣了解的專業人員可閱讀楊格（Kimberly S. Young）等人所著《網路成癮：評估及治療指引手冊》（*Internet addiction: A handbook and guide to evaluation and treatment*）。

之二：暫時斷網

戒癮宿營讓我想起，花蓮壽豐鄉月眉國小武術隊才成立三年，就

已經拿下全國武術冠軍。

為何有這叫人驚艷的成績？原來是月眉國小校長廖仁藝和教練黃美玉，看到孩子整天沉迷電腦、手機，在外漫遊可能接觸毒品，因此訓練部落小朋友學習武術與體育，培養專注力，鍛練心智。

我這幾年上山下海，受邀至全國各級學校分享網路成癮預防，也聆聽偏鄉老師們的感慨，事實上，偏鄉孩子在 3C 使用上一點也不「落後」，也是人手一機，不讀書時就滑手機，加上經濟弱勢、父母忙碌、教育資源缺乏，即使生活在「好山、好水、好無聊」的環境中，一連網就像置身大城市中，網路成癮的普及度與嚴重性，完全不輸住在水泥叢林中的孩子。

月眉國小讓孩子暫時離開網路，透過體育活動，讓孩子擁有更健康的生活型態，是各級學校在網癮預防上非常好的榜樣。

在網癮的預防與治療上，「暫時斷網」就是一種生活型態療法，若操作得當，絕對能為玩家帶來療效。

暫時斷網是一種簡單的行為實驗，可以挑戰關於遊戲的失能思考，包括：「我不玩遊戲，生活一定過不下去」、「只有玩電玩，我才會覺得好過」等，並且創造出許多機會，可以接觸遊戲以外的壓力因應資源。腦部影像還發現，能改善玩家大腦的工作記憶。

澳洲阿德萊德大學（University of Adelaide）心理學院丹尼爾·京（Daniel L. King）博士等人，針對二十四位成人玩家，當中九位達到網路遊戲疾患的程度，提供八十四小時的「暫時斷網」，從週五午夜零時，至下週一中午十二時，充分「停機三天半」。研究團隊寄發電郵，讓玩家們在每天中午填寫問卷連結，了解他們的遊戲成癮症狀及網癮相關的遊戲認知。

令研究者意外地，參加者對於「停機三天半」的接受度非常好，

沒有人退出研究。在研究後一個月進行調查，發現 75% 網癮者在網癮症狀明顯改善，63% 在失能遊戲認知也改善，減少了一半的分數，和非網癮者相同。

雖然參加者較少，但顯示「暫時斷網」是一種簡單、可實行、具有成本效益的網癮治療方式。

根據媒體報導，前總統府發言人、台北市議員羅智強在人生低潮期，曾經沉迷於星海爭霸（SC）遊戲，每天到網咖報到，甚至連打三天三夜，打到流鼻血才下線，直到他看到男子暴斃網咖的新聞才驚醒。

他在家裡的電腦，根本不敢安裝遊戲，連滑鼠都放在很難拿的地方，極力斷絕遊戲的線索，避免遊戲成癮。

也有國中生發現花過多時間玩電動，帶來學習障礙與健康危害，主動發起讀書會，把手機交回給父母。

美國兒童精神科醫師維多利亞·鄧可莉（Victoria L. Dunckley）在《關掉螢幕，孩子大腦重開機》（*Reset Your Child's Brain*）中，提出四週「電子禁食」計畫，讓家長按部就班，順利協助孩子「關掉螢幕，大腦重開機」。

數位排毒營

2013 年開始，美國出現成人關機營（Camp Grounded），為期四天禁用任何數位裝置。

營區在郊區森林中，學員抵達後，第一件事是把手機、平板、筆電，甚至連手錶都交給穿白袍的工作人員，裝進袋子裡，象徵

「數位排毒」（Digital Detox）開始。

學員禁止討論工作，只能投入大自然與人際互動，參加射箭、瑜珈、烹飪、觀星、野外求生等數十項課程。想傳訊息，學員可以在營區真正的收件匣中留紙條，想問谷歌大神事情，有「人力搜尋引擎」供你使用。

因反應熱烈而擴大舉行，連臉書、Google、微軟員工都來進行「3C 排毒」。

麻省理工學院的雪莉·特克教授提到，兒童參加數位排毒營五天後，同理心恢復了，開始關心營隊裡的朋友，聊心裡在想什麼。平常他們只和朋友聊手機上的內容。他們得到領隊全部的關注，結束時發現更喜歡自己，交了更好的朋友，對父母也更加友善。數位排毒營真的好處多多！但收費不便宜。請專人把你的手機強制沒收，這樣就要價一萬七千元台幣。

為什麼你不自己把手機收起來呢？現賺一萬七千元呢！

生命教育之參與世界

能撐起健康生活型態的支柱，就是生命教育。

十多年前，許多電子新貴憑藉過人努力，獲取國外名校博士學位、自行創業、致富，「媳婦熬成婆」，在四十歲以前就能夠光榮退休，「做自己喜歡的事」過著理想生活。如今，許多孩子才十幾歲，還沒開始進入社會就已經過著退休生活：全心打電動。

遊戲是人生任何時候都可以玩的，退休後更能放下一切專心玩。兒童青少年階段，該擁有怎樣的生命呢？

雲門舞集創辦人林懷民老師相當關切 3C 產品如何改變我們的生命，及進一步為心靈帶來的衝擊。

他認為，年輕人有責任、也有能力去改變世界，他說：「深入掌握自己著迷的東西，首先把電視關掉。」不盯手機，在捷運上才看得到人、看到世界。

　　此外，在網路世界中，孩子看似得到太多資訊，其實沒有用，他曾說：「今天資訊發達，喜歡的事物不斷地來，你好像什麼都擁有了，但可能找不到一個真正想要的。」精讀而非瀏覽，才能讓大腦真正獲得知識。

　　林老師也談到員工舞者如何使用 3C：「最可怕的就是把來跳舞當做是上班，下班回家就掛在網路上直到凌晨三點，那已經不是宅了，叫做『閉』，甚至是『窄』，生活的全部就只有這樣，這是不行的。」

　　接下來該怎麼做？林老師建議：「把電腦關掉，或者真的到不得不用時才使用，馬上就有了眼睛可以看外面。有人說我應該找輛車代步，還要送我車子和司機，我說我會怕，他問我在怕什麼？我怕從此以後，我只看到自己跟我的司機。」（摘自陳文茜，《我相信‧失敗》）

　　2014 年，雲門舞集戶外公演，林懷民老師呼籲社會大眾「關掉電視電腦，走出屋外」，與舞者一起在星空下呼吸躍動。

　　這對於兒童青少年格外重要，不要讓螢幕遮蔽了他們的星空。

　　還有一個十分矛盾的現象，許多令青少年著迷的遊戲都是關於戰爭或謀略。但當軍校要招收自願役軍人時，報名者卻寥寥無幾；當警校要招收新警察，未來除暴安良、合法用槍，一樣面臨新血不足的窘境。虛擬世界讓人「樂不思蜀」，日益脫離真實世界。然而，參與真實世界帶來的幸福感，仍非虛擬世界所能及。以打籃球為例，我們熬夜打電腦籃球遊戲的樂趣，畢竟遠不如林書豪那樣，在籃

球場上歷經苦練多年、坐冷板凳，後來創造勝利奇蹟的真實體驗！

生命教育之面對挫敗

不少孩子因為害怕課業壓力、人際關係、生涯選擇等種種困難，因而逃難到手機與遊戲的世界中。

我們來看看智慧型手機的發明人，也就是「創造網癮」的人賈伯斯，是如何面對少時的困難？

賈伯斯是史上最偉大的輟學生，創造的產品讓無數人上癮。在2005年史丹佛大學畢業典禮演講中，他分享三個面對困難的故事。

第一個故事是：他在里德學院念了六個月就休學，十八個月之後退學，因為他找不到念大學的價值到底在哪裡。休學後，他再也不上無趣的必修課，直接聽自己愛的課，特別是字體藝術（書法），這和他未來強化蘋果電腦的視覺效果，顯然大有關係。

沒有宿舍，只好睡在朋友家的地板，靠回收可樂瓶罐的五先令填飽肚子，到了星期天晚上走大約十公里遠的路，繞去印度教的Hare Krishna 神廟吃頓大餐。

二十歲左右，他赴印度學習冥想七個月，誇讚：「印度的冥想時光創造了我的世界觀，最終影響了蘋果產品的設計。」

第二個故事：自己創辦的公司，怎麼會開除自己？

後來他創立蘋果公司，以小搏大，用一句話而非天文數字的高薪，挖角了可口可樂公司執行長斯卡利（John Sculley）。他當時這麼說：「你想一輩子賣糖水，還是跟我一起改變世界？」

後來出人意料外地，斯卡利與他意見相左，而董事會支持斯卡利，賈伯斯等於被自己挖角進來的人解僱！所謂「鳩佔鵲巢」莫過於此。他新創 NeXT 公司賣更新的電腦，但銷售不佳。之後他收購皮

克斯動畫，作品「玩具總動員」刷新票房紀錄，身價達十億美元。

這時，斯卡利主持下的蘋果電腦銷量也不佳，蘋果高層再次注意到賈伯斯的成功，以四億多美元購併了 NeXT，請他重回蘋果。

此後，他發表了 iPod、iPhone、iPad 等一連串傳奇產品，將蘋果公司帶向顛峰。

賈伯斯說：「在蘋果公司被炒魷魚，是我這輩子最棒的事！這帖良藥味道實在太苦，但我這個病人就是需要這帖藥。」

第三個故事：過去三十三年，每天早上他都會攬鏡自問：「如果今天是我人生的最後一天，我要做些什麼？」

他的結論是：「生命短暫，不要浪費時間活在別人的陰影裡；不要被教條所惑，盲從教條等於活在別人的思考；不要讓他人的噪音壓過自己的心聲。最重要的，有勇氣跟著自己的內心與直覺。求知若渴，虛心若愚。」

面對困境，是生命教育的第一課。陷入網癮，往往因為我們先陷入了生命的困境。突破生命困境，就能突破網癮。

如果你是網癮者，別害怕困難，嘗試練習「運動家精神」，透過家人親友的協助，開始面對生命的困難吧！

電競選手的心路歷程？

2013 年，電玩隊伍「台北暗殺星」奪下英雄聯盟世界電競大賽冠軍，獲得一百萬美元獎金，相當於台幣三千萬！

根據《親子天下》報導，隊長陳彙中曾休學過，發現工作帶來的成就感比念書多更多，除了能養活自己，也在想到底什麼才是自己最喜歡、也最拿手的事？

他坦承，玩遊戲的小孩自尊心很強，不想輸、不服輸，想要在不被看好時證明自己的能力。他用電玩的成績說服自己，也說服了親友，打電玩不再是沒出息的事，打電玩真的可以當飯吃。

有些孩子會向父母辯解：「我電競很有天份！學校課業對我來說都很無聊，更浪費時間。」

確實，電競已納入不少國家的體育項目，有大型正式的比賽，獎金豐厚。但體育選手如籃球之神麥可‧喬丹，在學生時可是品學兼優，未曾因為體育放棄課業。

其實，如數學、理化課業的困難，也正是考驗問題解決能力的絕佳機會，這些問題在體育生涯中照樣會出現。若一味逃避課業的困難，總認為自己在課業方面「不可能」，這樣的心態，即使真正進入體育或電競的圈子，也是走不遠的。電玩冠軍陳彙中也強調：念書這個「本業」一定要顧好，不可以拿「立志打電玩」當做不念書的藉口，不然可能會兩頭落空。

從生活型態到生命教育的多元治療

▶ 改變生活型態：主動請家人親友協助，踏出第一步
▶ 多元治療模式，是突破網癮治療困境的重要選項
▶ 嘗試暫時斷網，光是停機三天半，就能降低網癮嚴重度
▶ 「一日不作，一日不食」：學會生活自理，包括：三餐料理與進食，準時睡覺起床，以及上學，才能談遊戲時間
▶ 對於課業或人際困難，不逃避，發揮運動家精神
▶ 思考生活、生命的安排，及早與家人、學校老師討論生涯規劃
▶ 在真實的挫敗當中，鍛鍊面對困難的生命教育

第12章

三力自癒法
正念力×好眠力×好食力，預防數位時代病

　　根據數位行銷公司 We Are Social 與社群媒體管理平台 Hootsuite 的全球網路調查報告，全球每人每日平均上網（包含手機與電腦）六小時四十二分鐘，前五名為：菲律賓人十小時兩分鐘、巴西人九小時二十九分鐘、泰國人九小時十一分鐘、哥倫比亞人九小時、印尼人八小時三十六分鐘。菲律賓位居榜首，也許和菲國兩百三十萬海外移工與家人聯繫有關。台灣人七小時四十九分鐘，則高出世界平均值 1 小時。

　　值得注意的是，世界經濟與科技強國國民平均上網時間，卻低於世界平均值，包括：美國人六小時三十一分鐘、中國人五小時五十二分鐘、英國人五小時四十六分鐘、法國人四小時三十八分鐘、德國人四小時三十七分鐘；日本人平均上網三小時四十五分，「勇奪」全球平均上網時數最後一名！

　　顯然，台灣人上網時間長，並不代表有更好的經濟與科技競爭力，也不意味著擁有如西歐國家人民的生活品質。

　　到底愛滑手機的台灣上班族的一天，是怎麼過的？有無療癒可能？讓我們來看以下故事。

躺在床上，我感覺全身癱瘓，但右手還用力地握住手機。

「吱～吱～吱～」

手機震動我的手掌，發出低沈的聲音，我知道來了三封 LINE 簡訊，想把手機拿起來看，卻無力了。我瞄到牆上時鐘指著三點，又失眠了。

四十五歲的我，同事尊稱我賴主任，可是我姓鄭，因為我超愛LINE 他們。

我不到四十歲就晉陞大型醫療器材公司的業務主任，和許多醫師熟識，每個月去診所拿安眠藥，不會讓我等超過十分鐘，花的錢不超過 50 元，便能拿到大大一包、整整一個月份的藥。然而，我不想再依賴安眠藥，客戶介紹我買了進口的百萬名床──什麼美國太空總署宇宙量子睡眠科技──躺在上面，還是睡不著。

等待入睡，是最難熬的，因為不知道睡眠何時發生，躺床又睡不著根本是浪費時間。晚上十二點上床，我就一邊滑著手機，一邊等待睡神降臨。想到什麼業務點子，就趕緊傳訊息給小猴子。小猴子，是我的業務經理小侯。不自覺地傳了一個小時。

半夜三點了，這三封訊息到底看不看呢？我不小心拿起手機，並且讀了：

> 周會提前到早上九點召開　　上午3:08

> 檢討五月業績下滑 1% 原因　　上午3:08

> 重擬六月業績目標　　上午3:09

看到總監的這三句話，手機差點掉到床下。我心臟用力收縮了十下，腦中一片空白，然而，本能地丟了一個「左手握拳、右拳用力高舉過頭」的饅頭人過去。

　　不到兩秒鐘，我收到他「額頭揮汗如雨、頭上有 GO！GO！字樣」的饅頭人。回過神來，我理智地決定先睡，明天早點到公司再說。

　　在停車場的餐車上，我買了早餐，快跑衝進辦公室，時鐘指著七點。我一邊把東西塞進嘴裡──到底什麼食物，我從沒搞清楚──一邊把投影片程式打開，滑開手機，死命傳 LINE 訊息給小猴子：

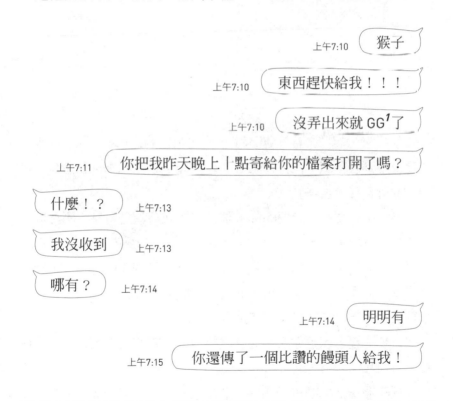

上午7:10　猴子

上午7:10　東西趕快給我！！！

上午7:10　沒弄出來就 GG[1] 了

上午7:11　你把我昨天晚上十點寄給你的檔案打開了嗎？

什麼！？　上午7:13

我沒收到　上午7:13

哪有？　上午7:14

上午7:14　明明有

上午7:15　你還傳了一個比讚的饅頭人給我！

註1　電玩用語 Good Game 縮寫，指完蛋了。

怎麼可能　　上午7:16

我完全沒印象　　上午7:16

上午7:17　　眞的

上午7:17　　我怎麼會騙你？

上午7:18

CALL ME！
CALL ME！
CALL ME！
CALL ME！
CALL ME！

　　我急起來，想摔手機，連傳了五次 CALL ME，要他馬上打電話給我。不到五秒鐘，他打過來：「賴主任，我在開車，三十分鐘後到。妳可不可以……」

　　「不行，我現在一定要問你，你口頭跟我講報告重點，不然等一下，我會忘記。」

　　「妳昨天晚上十二點，不是傳了一百五十五封 LINE 給我，硬叫我『立馬』作業務數據分析，而且要照妳的要求作一份報告，半夜兩點，我好不容易趕出來傳給妳……」

　　「有嗎？我半夜跟你講了什麼？我現在沒時間看你的報告，你直接重新跟我講一遍！」

　　「拜託開一下妳的電子郵件，收個信，不要一直傳 LINE 給我，把時間省下來，看我幫妳趕出來的投影片，一定來得及。」

「我想到什麼就馬上 LINE 你，是因為三分鐘後我就會忘記這件事。所以，我想不起昨天半夜是不是有叫你做事，我天生容易忘東忘西。」

「不！會計主任 Winne 說妳以前還好，三年前用 LINE 以後才變成這樣。為什麼妳記不得，是因為妳把『我』當成妳的『大腦』在用。我每五分鐘就要回一次妳的訊息，以致到了晚上還沒吃中餐，公司的正事還沒開始做。」

「我是用 LINE 來想事情、作筆記、交代工作……」

「拜託動一下妳自己的大腦！妳也有最新款手機，想到什麼自己記下來，想清楚、整理好，再告訴我要怎麼配合。要不然妳前一分鐘要這個，下一分鐘又要別的，再過兩分鐘，又兩個都不要。就算我一輩子不睡覺，專門回妳的簡訊，妳還是不滿意。」

「我半夜 LINE 給你，壓力才會小一點，頭腦才能降溫，晚上才睡得著。」

「半夜一點，我老婆被你的簡訊吵醒，罵我為什麼半夜還在幫一個控制狂工作，禮拜天也是『奪命連環 LINE』，五分鐘沒回 LINE 就打電話過來，我老婆快氣炸，說要離婚。妳傳 LINE 的時候，有沒有想過我的感受？如果再這樣下去，我也要離職！」

聽到小猴子難得生氣，我不敢再講，只說：「好吧，你等下到公司，先來找我。」

這天發生許多難捱的大小事，但時間過得飛快。總算都過去了。

晚上十點，我離開公司，整個人快癱瘓了。我勉強走進一家鐵板燒店，招牌上寫著：正念食堂。

坐到位子上，我反射性地把手機拿出來，先傳給小猴子十封簡訊，接著把手機橫放在小架子上，點選韓劇「太陽的後裔」：姜暮

煙意外發現，劉時鎮在槍戰中受傷、休克，被送來醫院急救，戀人即將天人永隔……

「小姐，吃飯了，不要再滑手機了！」

原來是老闆講話了，聽起來有點不高興。他瞪大雙眼，盯著我，把一盤炒好的豆豉蚵仔放到我前面，又添給我一碗飯。

這時，不只有老闆，大家都在看我。

我看著他們的桌上，竟然都沒有手機，這下我真的嚇一跳了。奇怪，大家不都是一邊看手機、一邊配飯嗎？還有的餐廳是每桌都配一台液晶螢幕呢！這間食堂真怪。我只得在手機上觸碰暫停鍵。這時，我聽見聲音：「吱～吱～吱～」

我的 LINE 訊息來了，老闆和其他的食客又都往我這邊瞪，我只得把手機關機，放進皮包裡。

我慎重地端起白飯，淋上深咖啡色的豆豉汁，夾起一顆肥滿的蚵仔，放進口裡。當我用臼齒咬破蚵仔時，汁液噴濺到口腔的每個角落，一股濃郁的鮮甜散開，啊，好久沒有這種滋養的感覺！我發現自己「正在吃飯」。

那麼，之前吃飯的時候，我在做什麼？

流理台就在老闆身後，餐廳就是他的廚房，所有客人都在他的廚房裡。老闆背過身去，一面洗菜、切菜，一面唱起「流浪到淡水」：

有緣　無緣　大家來作伙　燒酒喝一杯　乎乾啦　乎乾啦

他隔著老花眼鏡向旁邊一對年輕的夫妻說：「開了四十年食堂，客人說幾次再見，就會再回來幾次。人跟人之間，就是要有感情。

「不只這樣，勞工變老闆，老闆又變回勞工，我實在看多了。吃

飽穿暖最重要，富貴一場空啊！」

一場空？

這三年來，我醒著的每分每秒都在傳 LINE，也做過幾次傳 LINE 的夢……我一天比一天更忙，就像開著藍寶堅尼跑車，已經加速到時速三百公里，這才發現下面沒有煞車踏板。

接下來會怎樣呢？

我走出食堂，鄰近的百貨公司和商店街都打烊了，公園一片漆黑，只有幾盞路燈像夜空裡的星星，引我走上回家的路。

沒必要打開手機。

而且我有個預感，今晚應該能夠睡好覺。

張醫師的診療室

故事中的「賴」主任，可說是台灣上班族寫照。

上班忙就算了，下班後還得查看、收發手機的工作訊息，反映公司競爭力弱，勞動權益不彰，員工既「賣笑」又「賣身」，靠長工時苦撐；三五分鐘就想滑一次手機，玩遊戲追劇或滑臉書，反應工作過勞、缺乏真實人際與健康休閒活動，只能享受「小確幸」，卻少有長假。

行動上網模糊了工作與休息的界線，讓急性子的主管變得更急，讓辛苦的員工過勞。業務人員更抱怨因智慧型手機，而讓自己忙碌不堪：「現在客戶什麼東西都馬上就要，所以我一下子要回 LINE 的訊息，一下子回電子郵件，有些客戶習慣用 Facebook，還有些客戶一定要電話通知才行……為什麼要把自己搞得這麼累？」

網路正是世界的「加速器」，客戶要求快速滿足需求，同時間，

提供服務的上班族速度只能變得急忙。上班族自己也是客戶，客戶也可能是上班族。兩方都要求快速滿足，大家因此變得更加忙碌。

「賴」主任是「奪命連環 LINE」的加害者，其實也是受害者！

無手機恐懼症

「賴」主任為了工作拼命滑手機，但不只如此。當下班或假日沒有緊急公務時，她也沒停過滑手機，強迫性地滑，根本無法放下手機，大腦好像被手機給綁架了。這種有事滑手機，沒事也滑手機，深怕手機不在身邊，心理學上稱為「無手機恐懼症」（Nomophobia, No mobile phone phobia），具有以下特點：

➡ 例行性且耗時地使用

➡ 當手機不在有明顯焦慮感

➡ 鈴聲焦慮（Ringxiety）：反覆確認手機是否有新簡訊，甚至出現幽靈鈴聲（phantom ring tones），明明沒有鈴聲卻聽到鈴聲；或幽靈震動（phantom vibration），明明沒有震動卻感到震動。

➡ 手機一定要隨時放在身旁

➡ 比起面對面溝通，更偏好手機溝通

➡ 產生財務問題的後果

無手機恐懼症常出於害怕無法參與社交連結，偏好線上社交互動，與社交媒體成癮、智慧型手機成癮、問題性網路使用等有關，可能危害人際關係、社交孤立、產生身體與精神健康問題，包括焦慮、憂鬱與壓力。

「賴」主任也是強迫型人格者，過度完美主義，在細節上花費可

觀的時間與精力，反而導致拖延、搞砸眞正重要的事。社群軟體提供大量、瑣碎、細節、無關緊要的訊息，強迫型人格者可能明知無益，卻又失控地觀看社群軟體。

數位科技如何綁架你？

手機爲何讓「賴」主任深陷其中，欲罷不能？爲什麼我們無法停止關注新訊息，即使這些訊息一點營養都沒有？

科技公司設計了「刷新動態」功能，助長我們想使用社群軟件的動機與頻率。社群網站不斷提醒你的一千位好友們，在網路上發佈了什麼動態，讓你不斷暫時放下自己的生活，花許多時間去看看他人究竟在幹嘛。這不僅是線上友誼、好奇心、偷窺欲望的驅使，更是一種逃離當下、逃離自己的渴望。我們多想逃避眼前無聊的生活。刷新動態，就是刷存在感。

科技公司透過五花八門的 App，從線上遊戲、社群媒體、影音串流、網路購物……爲你量身設計一個又一個目標，並且巧妙地運用「蔡格尼效應」（The Zeigarnik Effect）[2]，也就是當一件事情未完成時，我們會感到焦慮而急於把它完成。然而，當你好不容易完成一個目標，下一個新目標馬上出現，讓我們想再完成它，於是，這些 App 一再讓我們欲罷不能，綁架了我們的大腦。但說實在，這些

註2　1927年，俄國的心理學家蔡格尼（Bluma Zeigarnik）做了一個實驗：將受試者分爲 A、B 兩組，演算相同的數學題。期間讓 A 組順利演算完畢，而在 B 組演算中途突然下令停止，然後讓兩組分別回憶演算的題目，結果是 B 組明顯優於 A 組。這種未完成、未達成的中斷、暫停，會深刻地留存於 B 組人的記憶中；而已完成的 A 組人，完成的欲望得到滿足之後，便輕鬆地忘記了任務。這種暫存、提醒及打擾的現象，就是蔡格尼效應。

科技公司指派給你的虛擬目標，卻是芝麻綠豆大的小事而已。

　　仔細回想，到底哪些線上訊息是真正重要的？在追逐這些無關緊要訊息的同時，我們失去了什麼？一去不復返的青春？進修第二專長的時間？職場競爭力？與家人或朋友的相處機會？

教人欲罷不能的 App

　　2018 年，蘋果公司執行長提姆‧庫克（Tim Cook）接受美國 CNN 專訪時說，曾經以為自己使用數位產品時非常自律，結果不是，透過新的時間管理 App 功能（Screen Time），他才發現在某些 App 花太多時間、次數太多了，有些 App 的通知數量已達到不合理的地步。

　　首次出現在 iOS 12 的 Screen Time 功能，正是蘋果公司回應關注手機成癮的輿論壓力，連蘋果的主要投資者、現任和前任管理階層也對用戶過度使用手機感到憂慮。

　　庫克強調，裝置本身不會令人上癮，但它的功能卻令人「欲罷不能」，至於是否屬於成癮範疇他並不知道，他認為這是「用戶自己必須做的決定」。

　　根據國家衛生研究院林煜軒醫師與我等人研究，自認每週使用手機約二十小時的大學生，安裝監測 App 發現實際使用時間達三十小時，比自覺多出五成。而且手機使用時間愈長，低估實際使用的程度愈大，即為手機的「時間扭曲」（time distortion）效應。

　　想想你以為只滑了手機兩個小時，事實上已經滑了三小時！

數位科技的分心危機

在過去，上班族發現自己一直分心，沒辦法完成工作時，可能會選擇到圖書館、咖啡廳強迫自己專心；然而，現在只要透過手機、平板或筆電，立即就連上網路，不管你在哪裡都能夠分心。

網路就像小叮噹口袋裡的時光機，讓上班族暫時逃離，舒緩工作壓力，但不少人發現，自己忘了要搭乘時光機回來。

我有位個案，身為公司總經理，他發現自己度假時，躺在夏威夷的海灘上吹著海風，右手還在滑手機處理即時訊息和工作信件，他恍然醒悟：「我到底來夏威夷做什麼？」

有時數位分心的代價，比你想像得更嚴重。

曾經有朋友一家四口假日逛傢俱大賣場，人潮相當多。父親臨時接到一通重要 LINE 電話，討論新工作的機會，母親則使用賣場電腦，體驗最新虛擬室內設計軟體，九歲大兒子與三歲小女兒在偌大賣場中佈置得如熱帶雨林般延伸無止境的傢俱間玩捉迷藏，當爸爸講完二十分鐘的電話，去找家人時，發現媽媽還盯著電腦螢幕，看到了氣喘吁吁的大兒子，卻不見三歲女兒，兒子說沒看到，找尋附近都沒發現女兒蹤跡，只想到最壞的狀況：失蹤，甚至是綁架……

一家三口進入緊急狀態，爸爸與兒子趕緊找服務台，一邊找，媽媽也分頭找尋。店員請爸爸描述女兒的穿著，爸爸發現自己根本沒注意過女兒穿什麼衣服。店方表示沒有接獲任何關於小孩的訊息，並繼續追問鄰近區域的店員。過了五分鐘，回報：「是否穿著蓬蓬裙？」爸爸直覺應該是，連忙前往指定區域，看到女兒紅著眼眶，驚恐地講不出半句話。原來是善心人士發現眼眶紅紅的小女孩後，立即帶給店員，很快地媽媽也來了。

這對夫妻除了感恩不知名善心人士，以及當地不錯的治安，也頓悟：看似稀鬆平常的使用手機與電腦習慣，可以在一瞬間帶來可能「家破人散」的悲劇。

數位分心也能讓你重傷。一名四十八歲女性，在過馬路時疑因低頭滑手機太過專心，遭疾駛而過的計程車猛力撞飛、重摔在地，所幸命大，只是雙腳骨折，並無生命危險。

數位分心還能致別人的命。西班牙有位二十六歲男子到醫院探望爺爺，他因為肺炎住院。當時病房沒有護理人員，他竟拔掉爺爺的呼吸器插頭，改插上自己的智慧型手機充電器，差點害死爺爺。他辯稱是要向母親解釋爺爺病況，但手機電力只剩下 1%。

數位時代的腦疲勞

過勞年代的上班族大腦已經耗竭，再加上數位裝置推波助瀾，更形成嚴重的腦疲勞現象。

上班族不僅身心俱疲，注意力、記憶力、判斷力、執行力、情緒管理等大腦功能更差，工作更沒有效率，結果是付出更多時間，獲得更少休息，更容易感到壓力與焦慮。

沉迷於數位裝置，整天坐著不動，更容易熬夜、失眠、睡眠不足、生理節律大亂；不僅「廢寢」還「忘食」，三餐變兩餐，晚餐變宵夜，宵夜變早餐，吃只為果腹，而不為養生。

此外，社群媒體強化特定的消費文化，誘惑各位「美食達人」依據「美食地圖」到「美食街」大快朵頤，結果日復一日，吃進大量「悲傷飲食」，肚子固然有飽足感，大腦卻因缺乏必需營養素而鬧饑荒，腦疲勞進一步惡化導致：

· 嚴重腦疲勞：慢性疲勞、失眠、焦慮、易怒、憂鬱、分心、健

忘……

- 自律神經失調：恐慌症、高血壓、肌肉緊繃、頭痛、腰痠背痛、便秘、腹瀉、胃食道逆流……
- 荷爾蒙失調：肥胖、高血糖、高血脂、經前不悅症、不孕症、更年期症候群……
- 過度發炎：鼻子、眼睛、皮膚過敏、氣喘、慢性濕疹……
- 免疫力下降：細菌感染、黴菌感染、病毒感染、帶狀皰疹、癌症……

當這一連串生理疾病出現時，你和醫生會想到：其實是和你手上的數位裝置有關嗎？

整理醫學文獻、積累臨床經驗後，我幫因為數位科技而加重腦疲勞症狀的上班族，系統性地整理出「三力自癒法＝正念力×好眠力×好食力」，期待能預防族繁不及備載的數位時代病。

三力自癒法之一：正念力

數位科技的重度使用者，常有以下心理特徵：

- 心不在焉，習慣性逃離當下。
- 負面情緒（焦慮、憂鬱、憤怒）一出現，就藉玩手機或遊戲快速消除。
- 心裡常和別人比較，覺得自己不如別人。
- 過度在意別人對自己的看法。
- 容易感到無聊，缺乏正面情緒，依賴手機或遊戲刺激才能快樂。
- 壓力出現時，透過上網或滑手機逃避。

一言以敝之，就是缺乏「正念力」（Mindfulness）。

正念力，指的是一種放鬆而專注的能力，全心投入當下眼前，體

驗培養親密感，從而接納自我、適應外在現實。

嚴重缺乏「正念力」的「賴主任」是幸運的，她在老闆的善意提醒，以及其他食客的目光注視下，勉強自己專注在眼前當下，驚訝地發現豉汁蚵仔的美味，意識到她幾乎是長久以來第一次「真正」在吃飯。

她頓悟：放下手機，立地成佛。

這一切美好本來就存在，她卻視而不見；只有當她找回正念力，眼前一模一樣的場景，馬上從黑白變成彩色。

我想到自己前陣子到淡水一家知名排骨店用餐時，當店員把排骨飯端到眼前，我當下驚呆了：一塊閃著油亮金色光芒的排骨，就像油畫般完美，我怎忍心吃下肚？

當我一往上看，一盞美術燈不偏不倚地照在這塊排骨上，難怪！如果我是躲在河堤榕樹下陰暗角落就看不到這一切，想必也覺得這不就是一塊用來果腹的肉嘛！

這就是「正念飲食」（mindful eating），以此精神推展到每日工作、人際交談、家庭互動，可以為你我帶來多重身心療癒。開始覺察身體感覺，留意生理訊號如：飢餓與飽足、長痘、皮膚癢、感冒等。其他好處是：

‧開始重視飲食、運動與睡眠，照顧身體。

‧接納身體形象，不再過度在意他人想法，如胖、醜等。

‧開始覺察自己的負面情緒與思考，不過度自我責備。

‧提升情緒智商（EQ），職場減壓能力倍增。

‧面對數位裝置與其他誘惑的自我控制力提升。

‧對於世界，培養好奇心與慈愛心，不侷限於手機的興趣。

‧接納自己與挫敗經驗，不急著用手機逃避。

正念力能穩定大腦情緒迴路（以杏仁核為代表），增強大腦理智迴路（以前額葉為代表）。因此，正念早已使用於改善失眠症、憂鬱症、創傷後壓力症、疼痛、多種生理疾病、物質成癮，以及網路成癮。

有一系列練習可幫助我們培養正念力，包括：正念呼吸、三分鐘呼吸空間、一顆葡萄乾練習、愉悅練習、艱辛練習、正念的一天、身體掃描法、慈心練習等。正念呼吸可說是基本功，將心念專注在每一次的吸氣、呼氣上，覺察可能出現的雜念與分心，再次將心念帶回到呼吸上，藉此鍛鍊專注力、培養一次做一件事的習慣、幫助放鬆情緒、對簡單的事也能全心體驗、保持好奇心、創造生活樂趣。

針對久坐不動的數位時代上班族，我設計了「正念運動」的指導語，讓你可以每使用螢幕三十分鐘，就起身「正念摘蓮霧」一下，讓大腦揮別積累的疲勞。

「正念運動」（又稱「正念摘蓮霧」）指導語

▶ 從辦公桌前緩緩起身，覺察從坐著到站著當中，身體的變化。

▶ 站在桌旁，兩腳與肩同寬，上半身自然挺直，兩手自然垂下，貼近褲管，眼睛直視前方。

▶ 雙手逐漸抬高，上舉，指向天空。感覺軀體的擠壓與伸展。再輕輕放下。

▶ 右手舉高延伸，就像要往右邊的樹上摘蓮霧，另一腳略為墊高，沿著手指你看到什麼？再換左手。感覺軀體的擠壓與伸展。

▶ 每當感覺到哪個部位有緊張、酸痛或不舒服時，吸一口氣並將感覺擴展到這個部位；再呼一口氣，把緊張、酸痛或不舒服帶出身體。

▶ 原地轉動肩膀，往上吸氣、往後屏息、往下吐氣、往前屏息。覺察全身的狀態。

▶ 原地轉動頭部，右耳逐漸靠向右肩、向下轉頭、下巴靠近胸口、左耳靠近左肩，向上回到中線，停止，不向後轉。再換邊。覺察全身的狀態。

▶ 重點是慢，感覺軀體的擠壓與伸展。

數位正念力

你可以安排短暫時間放下手機，覺察並專心投入眼前活動，也許是辦公、吃飯、走路、坐車，甚至呼吸，都能立即滋養大腦、避免耗竭。我把數位正念力的生活實踐分為四級：

第一級、救命的正念力

．玩手機遊戲，應注意人身安危。特別是兒童青少年，家長應該設下遊戲限制，避免危害幼兒。

．過馬路、騎自行車、騎機車、開車、上下樓梯時，絕不滑手機。

．盡量避免一邊走路，一邊滑手機。

．對於潛在危險環境（如高樓、山坡地、懸崖邊），使用手機拍攝或自拍時，應保持高度警覺。

第二級、居家的正念力

．專注地使用一種裝置或 App，每隔三十分鐘就休息，讓大腦與眼睛暫時離開螢幕。

- 可以的話，暫時「和手機分手」，把心思花在家人身上。
- 固定停機時間：吃飯、睡前，家人交談、親子互動、假日家庭活動時，不開手機。
- 固定停機地點：餐桌、臥室、書房。

第三級、職場的正念力

- 拒絕一心多用（multitasking），改為一心一用（unitasking），能提升工作競爭力。
- 把手機的聲音提醒、推播通知、鈴聲震動都關閉。
- 刪除非必要的App。
- 遠離誘惑，把手機放在伸手拿不到的地方。
「定時」查看手機，而非隨時查看。
- 公司安排「可預期離線時間」（predictable time off, PTO）：下班或放假時，取消電郵往返，以及任何工作相關簡訊。

第四級、獨處的正念力

- 想拿手機時，自問：「為什麼想滑手機？」
- 拿起手機時，自問：「我還可以做什麼？」
- 滑手機時，自問：「我正在失去什麼？」

　　當你擁有以上數位正念力，開始能夠和自己親密相處，開始專心吃一個便當，在行走時保持從容，在工作中物我交融，就能用敏銳的感官覺察世界的美好，在大自然的懷抱中得到身心的滋養。重新回到數位裝置前，你能專注在自己的目的，不再被數位裝置給綁架。

三力自癒法之二：找回好眠力

　　我在第十章〈整合醫學策略〉中，提到充足的睡眠時數對網路族

身心健康十分重要。以兒童、青少年來說，八到十一個小時的睡眠才夠，過度上網導致睡眠長度不足，讓他們臉上狂冒痘痘、大腦也混沌不清。對成年人來說，七到九個小時的睡眠也是必要的，因為夜間貪玩數位螢幕，導致睡眠不足，和肥胖、三高疾病、失智症的產生都有緊密關係。

除了充足的睡眠時數之外，睡眠品質也很重要，卻很容易被網路數位裝置影響。舉例而言，睡前打電動或追劇，精彩的內容會刺激腦神經，導致交感神經亢奮、腎上腺壓力荷爾蒙分泌過度，造成睡眠變淺、多夢、頻繁中斷等障礙。

不講數位內容，光是手機藍光就能產生危害。台大醫院研究團隊刊載於《美國國家科學院刊》的實驗中，讓小老鼠睡前眼睛接受八分鐘手機藍光（長波長藍光四七〇奈米）刺激，結果全身交感神經亢奮超過一小時，出現心跳加速、出汗、血壓升高及腎臟交感神經過度活化等壓力反應，惡化睡眠品質。

藍光不止過度刺激交感神經，還危害了關鍵的睡眠荷爾蒙——褪黑激素（Melatonin）。美國哈佛醫學院睡眠醫學中心安—瑪莉·張（Anne-Marie Chang）博士等人研究發現：光是晚上看平板電腦四小時，其散發的藍光將導致褪黑激素減少 55%，嚴重危害睡眠品質，以及隔天的大腦功能，遑論藍光更強且離眼睛更近的手機！

然而，手機藍光更強、使用距離更近、使用更久，加上許多手機有自動調光模式，到了夜晚，為了讓你看清楚上面的蠅頭小字，還會「好心」自動調亮藍光！若是孩子躲在棉被裡偷用，對於視力的危害，就像大白天眼睛盯著太陽瞧，長期下來就是嚴重傷害「靈魂之窗」。

有趣的是，當我們晚上不再看手機或平板，改成看書本，竟然可以增加 19% 的褪黑激素！這個劃時代的研究告訴我們：晚上睡不著的時候，千萬別去滑手機，拿起書架上塵封的《古文觀止》或《莎士比亞大全集》，保證能讓你呵欠連連，迅速昏睡過去。

手機藍光還干擾了我們的睡醒節律。2019 年，國家衛生研究院林煜軒醫師運用「作息足跡」App 研究發現：白天每增加使用一小時的手機，就會延後入睡時間三·五分鐘，並減少五·五分鐘的睡眠時間。睡前使用手機時間雖僅佔全天使用時間 14.3%，但導致睡眠週期延後，其影響力佔整天手機光源曝露的 44%。

這種睡眠相位延遲，讓你一天比一天更晚起床、正常起床時間總是爬不起來，就算爬起來也感到容易疲累、隔天晚上想睡卻睡不著。自己還搞不清楚原因，其實就是每天睡前用手機幫自己照太陽，擾亂了褪黑激素分泌與睡醒節律！

醫學證據日益清楚：高血壓、糖尿病、腦中風、乳癌、大腸癌、攝護腺癌等疾病背後，褪黑激素不足是關鍵原因之一，和 3C 藍光等人造光源有關，無論大人小孩都不能輕忽。

由於夜間接觸數位螢幕，可能刺激交感神經、增加腎上腺壓力荷爾蒙、減少褪黑激素分泌、影響睡眠品質、干擾生理節律，和一卡車的數位時代病有關，我強烈建議：不晚於午夜十二點睡覺，晚上少用強藍光的智慧型手機，且至少睡前一小時不再接觸數位螢幕。

三力自癒法之三：找回好食力

當家裡的寵物，如貓、狗、兔子煩躁不安，你會去查看飼料有沒有問題。當你的孩子情緒起伏又網路成癮，你可曾注意他吃了什麼

「飼料」？

　孩子使用數位螢幕時，往往開始省略三餐，一邊盯著螢幕，一邊吃洋芋片、喝含糖飲料等「悲傷飲食」，電動打到半夜，吃碗香噴噴、火辣辣的「化學泡麵」，飽了有力氣，再戰到清晨……

　亂吃只是讓自己有飽足感，事實上，一點營養都沒有，上兆的大腦細胞與六十兆的身體細胞都在挨餓，當事者當然易怒、煩躁、憂鬱，就算想控制不再打遊戲或滑臉書，大腦前額葉已經疲累不堪，如何控制？

　此外，從螢幕射出的巨量藍光，對於眼球的每個部位，包括角膜、結膜、水晶體、睫狀肌、玻璃體、脈絡膜、視網膜、黃斑部（視神經末端）等，皆產生嚴重氧化壓力，導致形形色色的眼睛疾病，包括乾眼症、結膜炎、白內障、高度近視、青光眼、飛蚊症、視網膜剝離、黃斑部病變等。

　事實上，眼球正是大腦的一部分，眼球與大腦都需要擺脫疲勞，充分休息，並獲得充足營養，以利修復。

　怎麼吃，才是「好食力」？

　配合前述的「正念飲食」，想到「吃飯皇帝大」，三餐規律進食，關掉眼前螢幕，專心體會食物的滋味，讓食物滋養你的大腦，你將變得更放鬆、更快樂，而在你想使用 3C 時，能夠擁有自制力。

　吃什麼，才是「好食力」？

　根據醫學文獻與臨床經驗，我提出「五級食力」，第一級「美食達人級好食力」，就是前述「華人地中海飲食法」，是預防數位時代病的基本功，就像學習武功時，不能不熟練蹲馬步。

　第二級「老饕級好食力」，是「3C 及外食時代的營養補充

法」，每天額外補充針對大腦與眼睛的關鍵營養素，包括：魚油、益生菌、維他命 C、維生素 B 群、葉黃素、蝦紅素等。

數位科技族或網路成癮者有個致命傷，就是整天久盯螢幕，久坐不動，忘了起身喝水，要不就是隨手灌含糖飲料、可樂、汽水、咖啡或茶，理由是「不喜歡沒味道的飲料」，不喝白開水。

你不能不注意水分補充，這可是減少腦疲勞、預防身體疾病的不二法門！成人一天需要最基本的水量是 2000 毫升，兒童可用體重每公斤 30 毫升來估算。

診間來了女性上班族，抱怨皮膚反覆過敏，吃藥沒有改善，也有固定做保濕，想知道原因。找一問，才知道她每人喝水連 1000 毫升都不到。這時，表皮細胞裡面嚴重缺少水分，即使保濕做得再好還是缺水，導致皮膚非常容易發炎，不用說接觸過敏原，連太冷、太熱、吹到風、曬到陽光、不小心摸到都會發作。缺水最悲慘的後果，是因久坐不動加上飲水不足，產生深層靜脈血栓、心臟病、腦中風、肺栓塞等，可能猝死，此類案例並非罕見。

可樂當水喝的後果

一位看起來約七十歲的男病人來看診，他右半邊無力、行動不便、撐拐杖，想改善體質。我一問才知道他竟然才五十歲，心裡嚇一大跳。

他說：「我三十五歲就腦中風，現在還是右半邊不能動，提早退休了。」

他原本是竹科的資訊工程師，個性急又完美主義，一天當三天

用，每天只要睡四小時就活力充沛，累的時候把可樂當水喝來提神，太太勸他多休息都不聽。

他是拚命三郎，趕產品發表、出國參展，三十歲就當上副理，年薪接近千萬，打算四十歲以前就要退休，移民澳洲。

結果有天起床，發現右半邊無力，他還要去上班，太太立即叫救護車送醫，醫生診斷是腦中風，差點跟這個世界說掰掰。

這個案例告訴我們：3C 族久坐不動、飲水不足、狂吃「悲傷飲食」的不健康生活型態，可能將以悲劇收場，呼應了俗語：「不是不報，時候未到」。

用三力自癒法預防數位時代病

▶ 培養自我覺察：是否大腦被手機給綁架了？

▶ 留意使用手機的情境，如開車或置身野外，可能造成生命危險。

▶ 過度使用數位裝置，可能惡化腦疲勞，與多種大腦或生理疾病有關。使用每三十分鐘，建議讓大腦與眼睛休息十分鐘。

▶ 三力自癒法之一「正念力」：練習正念飲食、正念運動（「正念摘蓮霧」動作），培養數位正念力，在職場、家庭與獨處時專注地使用，給自己暫時「和手機分手」的時間。

▶ 三力自癒法之二「好眠力」：數位螢幕藍光的過度暴露，對大腦、睡眠與身體都有潛在危害。請勿熬夜，睡前至少一小時不碰數位螢幕。

▶ 三力自癒法之三「好食力」：拒絕「悲傷飲食」，多吃「華人地中海飲食」，搭配「3C 及外食時代的營養補充法」，每

天喝白開水至少兩千西西。

※正念力、好眠力、好食力的更詳細技巧，可參考作者《終結腦疲勞！台大醫師的高效三力自癒法》

後記 　網路時代的你與我

我分享，故我在

　　網路時代的本質是連結，一不小心就出現「過度連結」。許多人一感到無聊就滑手機，想「過度連結」一下，明顯有連線焦慮。

　　感到無聊或焦慮的時候，其實就是面對自己的「真我」最多的時候，可能需要想想為什麼，可能需要一些改變，可能是需要學習新東西……只要保持好奇心，就是獨立創新的契機。

　　在「過度連結」時，我們可能為了迎合他人，而形塑一個虛假的自我：唯有在網路上與人分享，才感到自己存在，網路變成你我「刷存在感」的必備工具。

　　我們愈少獨立思考，愈容易做出迎合他人期待的行為，對自己判斷的信心下降，遇到問題時總不知道怎麼辦，就到「谷歌廟」事事問「谷歌大神」吧！

　　可是，A 網站這樣說，B 轉傳文章這樣說，C 網紅這樣說，Siri 卻那樣說……到底哪個才是對的呢？

在一起孤獨

　　3C 時代，兒童青少年與大人們習慣躲在螢幕後面，與同樣躲藏在螢幕後的人互動，就像參加「面具舞會」一般，只有上床睡覺時才會把面具拿下。孤寂感的氣味，在職場、學校、家庭中瀰漫開來。

家人常常接觸，很少溝通。彼此都感到孤單，卻害怕親近。網路，成為迴避人際互動的方式。迴避與逃離，成為每分每秒的新習慣，構成網路成癮的肥沃土壤。

在社群網路的時代，英國有超過九百萬的成年人經常感到孤獨，十七歲到二十五歲年輕人有四成曾受孤獨困擾，七十五歲老年人中每三位就有一位感到無法控制孤獨感，對三百六十萬名六十五歲老年人而言，主要是靠電視陪伴。英國為了打擊孤獨問題及所消耗的鉅額社會成本，首相梅伊（Theresa May）還任命一位「孤獨事務大臣」（Minister for Loneliness），制定周全解決策略，設立總額達數百萬英鎊的基金，和公共服務機構、義務組織及商界聯手，加強社區融合。梅伊認為孤獨的社會問題是「現代生活的悲哀現實」。社群網路時代的孤獨，真的可以消除嗎？恐怕是悲觀的。

東吳大學社會系劉維公教授認為：「孤獨是可怕的社會病毒，高科技營造出來的『在一起孤獨』生存條件，讓大眾沉溺在矛盾扭曲的孤獨／親密關係中而無法自拔。這不是政府一句話、一個計畫就可以輕易改變的局勢。」

當我們擁有愈多臉友，現實生活中卻覺得更孤單？當我們覺得與臉友更親密，卻覺得自己更孤獨？

雪莉・特克在《在一起孤獨》中指出：「我們堅信網路連接是接近彼此的方法，但它也是同樣有效逃避、隱藏彼此的方法……現代人的親情、友情、愛情，可能因為網路的各種因素，而變得更加不堪一擊；逃避情感、壓力等問題，也變得更容易。最終，我們在網路上聚在一起，孤獨。」

網路，讓我們斷了線？

和他人真正連結

哈佛大學教育學者霍華德‧嘉納教授（Howard Gardner）與凱蒂‧戴維博士（Katie Davis）指出：App 世代的重大問題是「孤獨感上升，同理心下降」。我們不再願意冒人際風險，寧可躲在網路的舒適圈裡，無法建立真正的連結，容易感到孤單。再者，沒有真正的連結，就無法設身處地為對方著想，就不會有同理心。

真實生活中的朋友，你真正認識並且信賴，能夠長期面對面交談，稱為「強連結」，而臉書或通訊軟體上的朋友、網路社群中的網友，為泛泛之交，稱為「弱連結」。

網路本質上是「弱連結」，與更多不在你身邊的人互動，其特性是「常接觸，但少溝通」。現在人的「弱連結」可以成千上萬，但「強連結」逐漸趨近於零。

一項心理學研究中，把二十歲左右的朋友們兩兩編組，要求用四種方式溝通：面對面交談、視訊交談、語音交談、網路即時通訊，再詢問他們的感覺、觀察其互動，評估其親近度。

你覺得哪種方式情感最親近呢？哪種情感最冷淡？

答案：最親近就是面對面交談，最疏遠的就是網路即時通訊。

兩人相談來到沉默時刻，就想拿起手機、低頭滑，這「欲言又止」的片刻，正是了解彼此內心深處最佳的時刻。

和自己真正連結

當大腦渴望 3C 大量的、新鮮的、無限的「過度連結」刺激，代價是：你得與自己「斷線」。

獨處的能力是很重要的，從孩童影響到大人。不逃避無聊、焦

慮，而懂得獨處的人，不會覺得孤單。相反地，總是逃避無聊、焦慮、害怕獨處，因而必須隨時與人保持連結，最容易感到孤單。

不要讓社群網路取代了你的個人世界，以及多彩生活。別害怕孤獨，學會和自己做朋友，你就不會孤獨。

我們需要與人真正的連結，也需要與自己有連結。當我們因接不完的他人簡訊感到豐富（moments of more），覺得有人需要我們，自己是某個圈子的一份子，卻可能同時佔了過多時間，而讓自己的人生更加貧乏（lives of less）。

畢卡索說：「少了美好的獨處時光，就不可能有認真的創作。」

當我們從社群媒體所主導的「他人導向人生」，逐漸走向由你主導的「內在導向的人生」（inner-directed life），才會帶來真正的自由。

神經科學也發現，唯有獨處進行內在思考，而非回應外界刺激時，我們大腦的「預設模式網絡」（default mode network, DMN）才能好好運作，這決定了完整的自我意識。體驗過獨處之美，將帶來創造力。

就像莫札特愉快地說：「我一個人獨處，孑然一身、神采奕奕的時候，例如坐馬車旅行、飽食後外出散步，或夜半無法入眠時，思緒最為澎湃豐沛。」

中文版網路遊戲成癮量表

（The Ten-Item Internet Gaming Disorder Test, IGDT-10）

你有網路遊戲成癮嗎？

請閱讀以下關於線上遊戲的敘述，依照你過去 12 個月的情形和頻率，在每個敘述圈選 0 分到 2 分（從來沒有、有時候、經常）的評分。※這份問卷敘述中的「遊戲」或「玩遊戲」字句，指的就是線上遊戲（網路遊戲）。

題號	題目	從來沒有	有時候	經常
1	當你沒有玩線上遊戲時，你多常幻想自己在玩線上遊戲、想著前幾次玩遊戲的事；或期待下一次的遊戲？	0	1	2
2	當你不能玩線上遊戲或是玩得比平常少的時候，你多常感到靜不下心、煩躁、焦慮、或悲傷？	0	1	2
3	在過去的12個月裡，你感覺需要更常玩線上遊戲，或打更久的時間才覺得你玩夠了？	0	1	2
4	在過去的12個月裡，你曾經試著減少花在線上遊戲的時間，但沒有成功？	0	1	2
5	在過去的12個月裡，你曾經會玩線上遊戲而沒和朋友見面，或不再從事你以前常參加的嗜好活動？	0	1	2

6	即使線上遊戲的負面影響（例如減少睡眠、無法把學業或工作做好、與家人或朋友爭吵，或無視於重要的責任），你還是玩很多？	0	1	2
7	你曾試著不讓你的家人、朋友或其他重要的人知道你玩線上遊戲的時間，或你曾對他們謊稱你玩線上遊戲的情形？	0	1	2
8	你曾玩線上遊戲來舒解負面的情緒（例如感到無助、內疚或焦慮）？	0	1	2
9	你曾因為玩線上遊戲而可能危害或失去重要的人際關係？	0	1	2
10	在過去的12個月裡，你曾經因為玩線上遊戲而使你在學校或工作的表現陷入重大危機？	0	1	2

計分說明

中文版網路遊戲成癮量表每題的計分為：0 = 從來沒有，1 = 有時候，2 = 常常。

填答者如果在任一題項回答「2 常常」的話，會被算成符合該項診斷。因網路遊戲成癮總共有九項準則，但 IGDT-10 使用了兩個題目來評估第九項準則（負面後果），即「玩線上遊戲帶來的負面後果」，其中第 9 題詢問「玩線上遊戲對人際關係的影響」，第 10 題則詢問「玩線上遊戲對學業和工作的影響」。因此，只要第 9 題或第 10 題其中一題回答 2 的話，就會算成符合了第九項準則。

根據填答者在這 10 題的回答，研究者便可計算出填答者符合網路遊戲成癮準則的數目。若符合的準則數大於或等於五項，顯示填答者可能符合網路遊戲成癮的診斷。

※經原作者國家衛生研究院林煜軒醫師／博士等人授權轉載於本書。

※資料出處：Chiu YC et al. "Chinese adaptation of the Ten-Item Internet Gaming Disorder Test and prevalence estimate of Internet gaming disorder among adolescents in Taiwan". J Behav Addict. 2018;7(3):719-726.

〔附錄二〕 兒童青少年 3C 產品使用建議

美國兒科醫學會3C 產品使用建議（2016年版）

2016 美國兒科醫學會針對兒童青少年 3C 產品使用的修正建議，針對二歲以上的兒童青少年，與 2010 年前一版本相較，不再限制爲一至二小時，更強調回歸健康生活型態，自然能控制網路使用時間。

- 在一歲半至二歲以下嬰幼兒，不應接觸數位媒體，視訊除外。
- 一歲半至二歲幼兒，父母應選擇高品質數位內容、陪伴觀賞、避免讓幼兒單獨使用。
- 二至五歲幼童，應限制螢幕時間在每天一小時以內，必須是高品質數位內容、父母陪伴觀賞、協助讓幼童了解內容。
- 避免讓數位媒體成爲安撫孩子情緒的唯一方式，這將有礙合理設限，以及發展他們的情緒調節能力。
- 在臥室、用餐時間、親子休閒時間，父母和孩子都不應使用螢幕媒體。父母應將手機設定爲勿擾模式。
- 睡前一小時不應使用螢幕媒體，睡前應將螢幕媒體拿出臥室。
- 五至十八歲兒童青少年（幼兒園中班至高中三年級），家長應針對其發展年齡與個別性，制定家庭媒體使用計畫（Family media use plan），持續性地限制每日媒體使用時間與內容。
- 五至十八歲兒童青少年，每天應有一小時運動，以及八至十二小時的充足睡眠。
- 父母應持續與兒童青少年溝通網路友誼、安全性、禮儀，避免霸凌、性訊息與誘惑、個資洩漏。

世界衛生組織五歲以下幼兒3C 產品使用建議（2019年版）

幼兒應增加身體活動，減少久坐時間，確保睡眠質量，促進身心健康與福祉，預防兒童肥胖症與日後相關疾病。建議與照顧者進行互動式非螢幕活動，如閱讀、講故事、唱歌和拼圖。

- 一歲以下嬰幼兒，不應使用數位螢幕。
- 一歲幼兒，不建議「久坐螢幕時間」，如看電視或影片、玩電腦遊戲。
- 二至四歲幼兒，「久坐螢幕時間」每天不應超過一小時，少則更好。

台灣網路成癮防治學會兒童青少年3C 產品使用建議

- 三歲以下：不可用（除非在父母引導下的親人通訊）。
- 三至六歲：不可超過1小時。
- 六至九歲：不超過2小時，但須在父母陪伴下使用。
- 九至十二歲：不超過兩小時。
- 十二至十八歲：自主管理，數位記錄。

網路成癮與霸凌求助資源

網路成癮求助資源

➜ 台灣網路成癮防治學會／中亞聯大網路成癮防治中心：

諮詢專線：(04)2339-8781 或 (04)2332-3456 轉 3606

網址：http://iaptc.asia.edu.tw/tw/home

寫信諮詢網址：http://iaptc.asia.edu.tw/tw/contact

➜ 兒童福利聯盟：

哎喲喂呀兒童專線（提供給未滿12歲兒童）：0800-003-123

少年踹貢專線（提供給13到18歲青少年）：0800-001-769

➜ 白絲帶關懷協會：

網址：http://www.cyberangel.org.tw/tw/

➜ 緊急求助電話：

衛生福利部 24 小時安心專線 0800-788-995（請幫幫、救救我）

生命線 1995；張老師 1980

➜ 全國醫院或診所精神科（包括：身心科、兒童精神科）

網路霸凌求助資源

➜ 教育部防制校園霸凌專線：

0800-200-885（零霸零零-耳鈴鈴-幫幫我）

留言板：https://csrc.edu.tw/bully/message_list.asp

➡ **警察局少年保護專線：**

080-005-95-95 （零霸零-理理我-救我-救我）

➡ **內政部警察署刑事警察局線上檢舉信箱：**

https://www.cib.gov.tw/service/report

➡ **兒童福利聯盟：**

哎喲喂呀兒童專線（提供給未滿 12 歲兒童）：0800-003-123；
少年踹貢專線（提供給 13 到 18 歲青少年）：0800-001-769

➡ **「心地好一點，霸凌少一點」諮詢網站：**

https://nobully500.com點選 ➝「我想要聊聊」線上諮詢服務

➡ **台灣展翅協會web885「網路幫幫我諮詢熱線」：**

http://www.web885.org.tw/web885new/counsel.asp

〔附錄四〕 **參考書目**

前言 | 網路時代的美麗與哀愁

· 雪莉·特克,《重新與人對話:迎接數位時代的人際考驗,修補親密關係的對話療法》,時報文化,2018 年
· 國家發展委員會,網路沉迷研究報告,2015 年
· Serino et al. "Pokémon Go and augmented virtual reality games: a cautionary commentary for parents and pediatricians". Curr Opin Pediatr. 2016 Oct;28(5):673-7

第 1 章 | 3C 與兒童心理發展:數位時代的家庭教育

➡ 3C 親子教養

· 克莉絲堤·古德溫,《數位時代 0-12 歲教養寶典》,遠流,2017
· 王浩威等,《青少年魔法書:10 位專家的親子教養祕笈》,心靈工坊,2015
· 詹姆斯·史戴爾,《臉書世代的網路管教:數位小孩的分齡教養指南》,親子天下,2013
· Paulus et al. "Screen media activity and brain structure in youth: Evidence for diverse structural correlation networks from the ABCD study". Neuroimage. 2019; 185: 140-153
· Tremblay et al."Canadian 24-Hour Movement Guidelines for the Early Years (0-4 years): An Integration of Physical Activity, Sedentary Behaviour, and Sleep." BMC Public Health. 2017 Nov 20; 17(Suppl 5): 874.
· COUNCIL ON COMMUNICATIONS AND MEDIA. ,"Media and Young Minds". Pediatrics. 2016 Nov; 138(5). pii: e20162591.
· Nick Bilton, "Steve Jobs Was a Low-Tech Parent", The New York Times, Sept. 10, 2014; https://www.nytimes.com/2014/ 09/11/fashion/steve-jobs-apple-was-a-low-tech-parent.html

➡ 網路與遊戲成癮

- 張立人，《上網不上癮》，心靈工坊，2013
- 陶然主編，《中國青少年網絡成癮預防手冊》，北京聯合出版，2013
- Gentile et al. "Pathological video game use among youths: a two-year longitudinal study." Pediatrics. 2011 Feb; 127(2): e319-29.

➡ 3C 與注意力不足、過動

- Vergunst et al. "Association Between Childhood Behaviors and Adult Employment Earnings in Canada". JAMA Psychiatry. 2019. doi: 10.1001/jamapsychiatry.2019.1326.
- Tamana et al. "Screen-time is associated with inattention problems in preschoolers: Results from the CHILD birth cohort study". PLoS One. 2019 Apr 17; 14(4): e0213995.
- Madigan et al. "Association Between Screen Time and Children's Performance on a Developmental Screening Test." JAMA Pediatr. 2019 Jan 28. doi: 10.1001/jamapediatrics. 2018. 5056.
- Ra et al. "Association of Digital Media Use With Subsequent Symptoms of Attention-Deficit/Hyperactivity Disorder Among Adolescents". JAMA. 2018; 320(3): 255-263.
- Swing et al. "Television and video game exposure and the development of attention problems". Pediatrics. 2010 Aug; 126(2): 214-21.
- Landhuis et al. "Does childhood television viewing lead to attention problems in adolescence? Results from a prospective longitudinal study". Pediatrics. 2007; 120(3): 532-7.
- Zimmerman et al. "Associations between content types of early media exposure and subsequent attentional problems". Pediatrics. 2007; 120(5): 986-92.
- Christakis et al. "Early television exposure and subsequent attentional problems in children." Pediatrics. 2004; 113(4): 708-13.

➡ 3C 與幼兒大腦發展

- Christakis et al. "How early media exposure may affect cognitive function: A review of results from observations in humans and experiments in mice." Proc Natl Acad Sci U S A. 2018; 115(40): 9851-9858.

- Zimmerman et al. "Children's Television Viewing and Cognitive Outcomes: A Longitudinal Analysis of National Data". Arch Pediatr Adolesc Med. 2005; 159: 619-625
第 2 章 | 3C 與大腦認知功能：數位時代的學校教育

➡ 數位痴呆症

- 公共電視，〈國中會考作文題目：「我們這個世代」〉，2018 年 5 月 19 日，https://news.pts.org.tw/article/394408
- 曼福瑞德‧施彼策，《數位癡呆症：我們如何戕害自己和子女的大腦》，暖暖書屋，2015
- 霍華德‧嘉納、凱蒂‧戴維，《破解 APP 世代：哈佛創新教育團隊全面解讀數位青少年的挑戰與機會》，時報文化，2015
- 尼古拉斯‧卡爾，《網路讓我們變笨？數位科技正在改變我們的大腦、思考與閱讀行為》，貓頭鷹，2012
- 埃利亞斯‧阿布賈烏德，《人格，無法離線：網路人格如何入侵你的真實人生？》，財信出版，2012
- Weis et al. "Effects of video-game ownership on young boys' academic and behavioral functioning: a randomized, controlled study". Psychol Sci. 2010; 21(4): 463-70.
- Paulus et al. "Screen media activity and brain structure in youth: Evidence for diverse structural correlation networks from the ABCD study". Neuroimage. 2019; 185: 140-153
- Hancox et al. "Association of television viewing during childhood with poor educational achievement." Arch Pediatr Adolesc Med. 2005; 159(7): 614-8.
- Linebarger et al. "Infants' and toddlers' television viewing and language outcomes". Am Behav Sci. 2005; 48: 624–645.
➡ 數位分心與多工

- Ward et al. "Brain drain: the mere presence of one's own smartphone reduces available cognitive capacity". The Consumer In A Connected World 2017; 2: 140–154.
- Beland et al. "Ill communication: technology, distraction and student

performance". Centre for Economic Performance 2015; 1350:1–45.

- Ophir et al. "Cognitive control in media multitaskers", Proc Natl Acad Sci U S A. 2009; 106(37): 15583-7.

➡學校數位教育反思

- Wiederhold et al. "Should Smartphone Use Be Banned for Children?" Cyberpsychol Behav Soc Netw. 2019; 22(4): 235-236.
- Longcamp et al. "Learning through hand- or typewriting influences visual recognition of new graphic shapes: behavioral and functional imaging evidence." J Cogn Neurosci. 2008;20(5):802-15
- Longcamp et al. "The influence of writing practice on letter recognition in preschool children: a comparison between handwriting and typing." Acta Psychol (Amst). 2005;119(1):67-79.

第3章 | 臉書憂鬱：減少網路社群依賴，重新對話

➡臉書與身體形象

- Baker, et al. "A Qualitative Study Exploring Female College Students' Instagram Use and Body Image", Cyberpsychol Behav Soc Netw. 2019; 22(4): 277-282.
- Ridgway et al. "Instagram Unfiltered: Exploring Associations of Body Image Satisfaction, Instagram #Selfie Posting, and Negative Romantic Relationship Outcomes", Cyberpsychol Behav Soc Netw. 2016; 19(1): 2-7.
- Hicks S et al. "Higher Facebook use predicts greater body image dissatisfaction during pregnancy: The role of self-comparison." Midwifery. 2016; 40: 132-40.

➡臉書憂鬱

- Yvonne Kelly et al. "Social Media Use and Adolescent Mental Health: Findings From the UK Millennium Cohort Study". EClinicalMedicine 6 (2018) 59–68
- Meier A et al. "How Envy Can Drive Inspiration on Instagram: The Positive Side of Social Comparison on Social Network Sites", Cyberpsychol Behav

Soc Netw. 2018; 21(7): 411-417.

- Shakya HB, et al. "Association of Facebook Use With Compromised Well-Being: A Longitudinal Study." Am J Epidemiol. 2017; 185(3): 203-211.
- Tromholt M., "The Facebook Experiment: Quitting Facebook Leads to Higher Levels of Well-Being". Cyberpsychol Behav Soc Netw. 2016 Nov; 19(11): 661-666.
- Sampasa-Kanyinga H et al. "Frequent Use of Social Networking Sites Is Associated with Poor Psychological Functioning Among Children and Adolescents."Cyberpsychol Behav Soc Netw. 2015; 18(7): 380-5.
- O'Keeffe GS, et al. "The impact of social media on children, adolescents, and families." Pediatrics. 2011; 127(4): 800-4.

➡ 臉書成癮

- Marino C et al. "The associations between problematic Facebook use, psychological distress and well-being among adolescents and young adults: A systematic review and meta-analysis." J Affect Disord. 2018; 226: 274-281
- Kuss DJ et al. "Social Networking Sites and Addiction: Ten Lessons Learned."Int J Environ Res Public Health. 2017; 14(3) pii: E311
- Shensa A, et al. "Problematic social media use and depressive symptoms among U.S. young adults: A nationally-representative study". Social Science & Medicine. 2017; 182: 150-157
- Schou Andreassen C et al."The relationship between addictive use of social media and video games and symptoms of psychiatric disorders: A large-scale cross-sectional study". Psychol Addict Behav. 2016; 30(2): 252-62.
- Ryan T et al. "The uses and abuses of Facebook: A review of Facebook addiction." J Behav Addict. 2014; 3(3): 133-48.
- Andreassen CS et al. "Development of a Facebook Addiction Scale." Psychol Rep. 2012; 110(2): 501-17.

➡ 網路社群心理

- 雪莉・特克，《重新與人對話：迎接數位時代的人際考驗，修補親密關係的對話療法》，時報文化，2018
- 雪莉・特克，《在一起孤獨：科技拉近了彼此距離，卻讓我們害怕親密交

流？》，時報文化，2017

- Przybylski AK et al."Can you connect with me now? How the presence of mobile communication technology influences face-to-face conversation quality". Journal of Social and Personal Relationships. 2013; 30(3): 237-246.

第 4 章｜網路人格：從過度自戀、網路霸凌，到真實暴力

➡ 過度自戀、暗黑四人格、網路霸凌（加害者）

- 珍‧圖溫吉、基斯‧坎貝爾，《自戀時代：現代人，你為何這麼愛自己？》，八旗文化，2014
- Kagan Kircaburun, et al. "The Dark Tetrad traits and proble-matic social media use: The mediating role of cyberbullying and cyberstalking", Personality and Individual Differences. 2018: 135; 264–269
- Casale S et al. "Grandiose and Vulnerable Narcissists: Who Is at Higher Risk for Social Networking Addiction?"Cyberpsychol Behav Soc Netw. 2016; 19(8): 510-5.
- Sourander A, et al. "Psychosocial risk factors associated with cyberbullying among adolescents: a population-based study". Arch Gen Psychiatry. 2010; 67(7): 720-728.

➡ 媒體暴力

- 戴夫‧葛洛斯曼，《暴力電玩如何影響殺戮行為》，遠流，2018
- Chang et al. "Effect of Exposure to Gun Violence in Video Games on Children's Dangerous Behavior With Real Guns: A Randomized Clinical Trial." JAMA Netw Open. 2019; 2(5): e194319.
- Anderson CA et al. "Screen Violence and Youth Behavior". Pediatrics. 2017; 140(Suppl 2): S142-S147
- Gentile et al. "Mediators and moderators of long-term effects of violent video games on aggressive behavior: practice, thinking, and action". JAMA Pediatr. 2014; 168(5): 450-7.
- Strasburger VC, et al. "Health effects of media on children and adolescents." Pediatrics. 2010; 125(4): 756-67.
- Strasburger VC; Council on Communications and Media American Academy

of Pediatrics. "Media education". Pediatrics. 2010; 126(5): 1012-7
- Bushman BJ et al. "Comfortably numb: desensitizing effects of violent media on helping others." Psychol Sci. 2009 Mar; 20(3): 273-7.
- Christakis et al. "Violent television viewing during preschool is associated with antisocial behavior during school age". Pediatrics. 2007; 120(5): 993-9.
- Browne KD et al. "The influence of violent media on children and adolescents: a public-health approach". Lancet. 2005; 365(9460): 702-10.

第 5 章｜網路霸凌：如何幫助網路霸凌受害者

- 吳佳儀、李明濱、張立人，〈網路霸凌之身心反應與防治〉，《台灣醫界》，2015; 58(6)
- 芭芭拉‧科婁羅索著，《陪孩子面對霸凌：父母老師的行動指南》，心靈工坊，2011
- Aboujaoude E, et al. "Cyberbullying: Review of an Old Problem Gone Viral". J Adolesc Health. 2015; 57(1): 10-18.
- Elgar et al. "Cyberbullying victimization and mental health in adolescents and the moderating role of family dinners". JAMA Pediatr. 2014; 168(11): 1015-22.
- van Geel M, et al. "Relationship between peer victimization, cyberbullying, and suicide in children and adolescents: a meta-analysis". JAMA Pediatr. 2014;168(5):435-442.
- Messias E, et al. "School bullying, cyberbullying, or both: correlates of teen suicidality in the 2011 CDC Youth Risk Behavior Survey". Compr Psychiatry. 2014; 55(5): 1063-1068.

第 6 章｜網路的性：面對性成癮、性騷擾與性霸凌

- 溫迪‧馬爾茲等著，《跳出色情陷阱》，法律出版社，2014
- 格爾頓著，《被綑綁的慾望：心理治療師眼中的性秘密》，華東師範大學出版社，2010
- Al Cooper 編著，《網路與性：愛的尋求與病的治療》，書林，2006
- Wéry A et al. "Problematic cybersex: Conceptualization, assessment, and treatment". Addict Behav. 2017; 64: 238-246.

- Brand M et al. "Ventral striatum activity when watching preferred pornographic pictures is correlated with symptoms of Internet pornography addiction." Neuroimage. 2016; 129: 224-232.
- Laier C et al. "Cybersex addiction in heterosexual female users of internet pornography can be explained by gratification hypothesis." Cyberpsychol Behav Soc Netw. 2014; 17(8): 505-11.

第 7 章｜遊戲成癮：熟練應用六步驟正向溝通法

➜ 網路遊戲成癮

- 柯慧貞，學生網路使用情形調查報告，教育部，2015
- Tian Y et al. "Association Between Specific Internet Activities and Life Satisfaction: The Mediating Effects of Loneliness and Depression". Front Psychol. 2018; 9: 1181.
- Gentile DA et al. "Internet Gaming Disorder in Children and Adolescents". Pediatrics. 2017; 140(Suppl 2): S81-S85.
- Chiu YC et al. "Chinese adaptation of the Ten-Item Internet Gaming Disorder Test and prevalence estimate of Internet gaming disorder among adolescents in Taiwan". J Behav Addict. 2018; 7(3): 719-726.

➜ 六步驟正向溝通法

- 台大醫院精神醫學部張立人、林煜軒著，《戰勝網路成癮：給網路族／手機族的完全攻略手冊》，中華民國衛生福利部出版，2015 年【線上電子書，網址為https://health99.hpa.gov.tw/flipbook/21928/】
- 張立人，《生活，依然美好：24 個正向思考的祕訣》，張老師文化，2014

第 8 章｜手機成癮：善用「動機式晤談」，強化改變動機

➜ 手機成癮

- 亞當・奧特，《欲罷不能：科技如何讓我們上癮？滑個不停的手指是否還有藥醫！》，遠見天下文化，2017
- Hussain et al. "An investigation into problematic smartphone use: The role

of narcissism, anxiety, and personality factors". J Behav Addict. 2017; 6(3): 378-386.

· Lin YH, et al. " To use or not to use? Compulsive behavior and its role in smartphone addiction". Translational Psychiatry. 2017; 7(2): e1030

· Lin YH, et al. "Proposed Diagnostic Criteria for Smartphone Addiction". PLoS ONE. 2016; 11(11): e0163010.

· Choi SW et al. "Comparison of risk and protective factors associated with smartphone addiction and Internet addiction". J Behav Addict. 2015; 4(4): 308-14.

· Billieux J et al. "Is Dysfunctional Use of the Mobile Phone a Behavioural Addiction? Confronting Symptom-Based Versus Process-Based Approaches". Clin Psychol Psychother. 2015;22(5):460-8.

· Lin YH, et al. "Development and Validation of the Smartphone Addiction Inventory (SPAI)", PLoS ONE. 2014; 9(6): e98312.

· Lin YH et al. "Time distortion associated with smartphone addiction: Identifying smartphone addiction via a mobile application (App)". J Psychiatr Res. 2015; 65: 139-45.

➡ 動機式晤談

· 陳偉任，《強化動機，承諾改變：動機式晤談實務工作手冊》，張老師文化，2018

· 威廉‧米勒、史蒂芬‧羅尼克，《動機式晤談法：如何克服成癮行爲戒除前的心理衝突》，心理出版社，1995

第 9 章｜家庭治療：改善自殺、網癮與繭居

➡ 自殺

· 張立人、廖士程、李明濱，〈網路成癮與自殺防治〉，《台灣醫學》，2014: 18(4); 458-464

· Wu CY et al. "A nationwide survey of the prevalence and psychosocial correlates of internet addictive disorders in Taiwan." J Formos Med Assoc. 2019; 118: 514-523.

· Cheng YS et al. "Internet Addiction and Its Relationship With Suicidal

Behaviors: A Meta-Analysis of Multinational Observational Studies." J Clin Psychiatry. 2018 Jun 5; 79(4).
· Wu CY, et al. "Risk Factors of Internet Addiction among Internet Users: An Online Questionnaire Survey" . PLoS ONE. 2015; 10(10): e0137506.

➡ 繭居

· 公視新聞網，〈拒學症到繭居族 社會退縮怎解〉，2018 年 5月2 日。網址：https://news.pts.org.tw/article/392857
· 張立人，〈網路遊戲成癮的心理治療—兼論繭居族的治療策略〉，《台灣精神醫學通訊》，2016; 35(10): 10-14
· 齋藤環，《繭居青春：從拒學到社會退縮的探討》，心靈工坊，2016
· 田村毅，《搶救繭居族：家族治療實務指南》，心靈工坊，2015
· 張立人，《在工作中自我療癒：心理醫生為你解決26個最常見的職場困擾，從此揮別倦怠，找回熱忱》，商周出版，2015
· 吳佑佑，《我不是不想上學：拒學孩子的內心世界》，張老師文化，2012
· 陳康怡、盧鐵榮，《青年、隱蔽與網絡世界：去權與充權》，香港城市大學出版社，2010
· Stip E et al. "Internet Addiction, Hikikomori Syndrome, and the Prodromal Phase of Psychosis." Front Psychiatry. 2016; 7:6.
· Lee YS et al. "Home visitation program for detecting, evaluating and treating socially withdrawn youth in Korea."Psychiatry Clin Neurosci. 2013; 67(4): 193-202.
· Kato TA et al."Are Japan's hikikomori and depression in young people spreading abroad?" Lancet. 2011; 378(9796): 1070.

➡ 家庭治療

· 金辰燮，《孫悟空大戰電玩魔》，台灣麥克，2010
· Han DH et al."The effect of family therapy on the changes in the severity of on-line game play and brain activity in adolescents with on-line game addiction." Psychiatry Res. 2012; 202(2):126-31.

第 10 章｜整合醫學策略：從身體、睡眠、飲食切入

· 張立人，《大腦營養學全書：減輕發炎、平衡荷爾蒙、優化腸腦連結的抗老

化聖經》，商周出版，2017

第 11 章 │ 多元治療：從健康生活型態到生命教育

➡ 多元治療

- 張立人，〈網路遊戲成癮的心理治療—兼論繭居族的治療策略〉，《台灣精神醫學通訊》，2016; 35(10): 10-14
- 張立人，〈關注台灣青年精神健康：青年網路成癮現況〉，《青年研究學報》（香港），2014; 17(1): 116-25
- Kimberly S. Young, et al.，《網路成癮：評估及治療指引手冊》，心理出版，2013
- 傑西・萊特等，《學習認知行為治療：實例指引》（附DVD），心靈工坊，2009
- Young KS. "Treatment outcomes using CBT-IA with Internet-addicted patients." J Behav Addict. 2013; 2(4): 209-15
- Han DH et al. The effect of family therapy on the changes in the severity of on-line game play and brain activity in adolescents with on-line game addiction. Psychiatry Res. 2012; 202(2): 126-31.
- Shek DT et al. Evaluation of an Internet addiction treatment program for Chinese adolescents in Hong Kong.Adolescence. 2009; 44(174): 359-73.

➡ 生活型態

- 維多利亞・鄧可莉，《關掉螢幕，孩子大腦重開機：終結壞脾氣、睡得安穩、開啟專注學習腦，4 週「電子禁食」愈早開始愈好！》，橡實文化，2016
- King DL et al. "Effectiveness of Brief Abstinence for Modifying Problematic Internet Gaming Cognitions and Behaviors". J Clin Psychol. 2017; 73(12): 1573-1585.
- Sakuma H, et al. "Treatment with the Self-Discovery Camp (SDiC) improves Internet gaming disorder." Addict Behav. 2017;64:357-362.Koo C et al. "Internet-addicted kids and South Korean government efforts: boot-camp case." Cyberpsychol Behav Soc Netw. 2011; 14(6): 391-4

➡ 生命教育

- 張立人，《生活，依然美好：24個正向思考的秘訣》，張老師文化，2014
- 張立人，《25個心靈處方：台大精神科醫師教你過減法人生》，智園出版，2011
- 張立人，《如何用詩塗抹傷口？》（個人詩集），白象出版，2009

第 12 章 | 三力自癒法：正念力×好眠力×好食力，預防數位身心病

➡ 過度使用3C、腦疲勞與三力自癒法

- 張立人，《終結腦疲勞！台大醫師的高效三力自癒法》，商業周刊，2019
- TVBS「健康2.0」節目：「必學！台大醫師（張立人）的『摘蓮霧運動』讓你遠離失智危機」，2019 年 3 月 30 日。網址：https://www.youtube.com/watch?v=Q6VZr63yU8Y
- CNN, "Tim Cook reveals his tech habits: I use my phone too much."4 Jun 2018. https://money.cnn.com/2018/06/04/technology/apple-tim-cook-screen-time/index.html
- Chen CP, et al. "Possible association between phantom vibration syndrome and occupational burnout". Neuropsyc-hiatric Disease and Treatment. 2015; 11: 1-8

➡ 3C 藍光危害

- Lin YH et al. "Development of a mobile application (App) to delineate "digital chronotype" and the effects of delayed chronotype by bedtime smartphone use". J Psychiatr Res. 2019; 110: 9-15.
- Fan SM et al. "External light activates hair follicle stem cells through eyes via an ipRGC-SCN-sympathetic neural pathway". Proc Natl Acad Sci U S A. 2018; 115(29): E6880-E6889.
- Chang AM et al. "Evening use of light-emitting eReaders negatively affects sleep, circadian timing, and next-morning alertness". Proc Natl Acad Sci U S A. 2015; 112(4): 1232-7.

後記｜網路時代的你與我

- 雪莉·特克，《重新與人對話：迎接數位時代的人際考驗，修補親密關係的對話療法》，時報文化，2018
- 雪莉·特克，《在一起孤獨：科技拉近了彼此距離，卻讓我們害怕親密交流？》，時報文化，2017
- 霍華德·嘉納、凱蒂·戴維，《破解 APP 世代：哈佛創新教育團隊全面解讀數位青少年的挑戰與機會》，時報文化，2015
- Sherman LE et al. "The effects of text, audio, video, and in-person communication on bonding between friends". Cyberpsychology: Journal of Psychosocial Research on Cyberspace. 2013; 7(2): article 3.

SelfHelp 033

App 世代在想什麼？

破解網路遊戲成癮、預防數位身心症狀

What does App Generation think? On treatment of internet gaming disorder and prevention of digital psychosomatic symptoms

作者—張立人

出版者—心靈工坊文化事業股份有限公司
發行人—王浩威　總編輯—王桂花
特約編輯—周旻君　責任編輯—林妘嘉
封面設計—Fiona　內頁排版—李宜芝
通訊地址—10684台北市大安區信義路四段53巷8號2樓
郵政劃撥—19546215　戶名—心靈工坊文化事業股份有限公司
電話—02）2702-9186　傳真—02）2702-9286
Email—service@psygarden.com.tw　網址—www.psygarden.com.tw

製版‧印刷—中茂分色製版印刷股份有限公司
總經銷—大和書報圖書股份有限公司
電話—02）8990-2588　傳真—02）2290-1658
通訊地址—248新北市新莊區五工五路二號
初版一刷—2019年08月　ISBN—978-986-357-155-1　定價—380元

國家圖書館出版品預行編目資料

APP世代在想什麼 / 張立人著. -- 初版. -- 臺北市 : 心靈工坊文化, 2019.08
　面；　公分. -- (Selfhelp ; 33)

ISBN 978-986-357-155-1(平裝)

1.網路使用行為　2.網路沈迷

312.014　　　　　　　　　　　　　　　　　　　　　　108011972

心靈工坊 ♪ 書香家族 讀友卡

感謝您購買心靈工坊的叢書，為了加強對您的服務，請您詳填本卡，
直接投入郵筒（免貼郵票）或傳真，我們會珍視您的意見，
並提供您最新的活動訊息，共同以書會友，追求身心靈的創意與成長。

書系編號－SH033　　書名－App 世代在想什麼？破解網路遊戲成癮、預防數位身心症狀

姓名　　　　　　　　　　　是否已加入書香家族？ □是 □現在加入

電話（公司）　　　　（住家）　　　　手機

E mail　　　　　　　　　　生日　年　　月　　日

地址 □□□

服務機構／就讀學校　　　　　　　職稱

您的性別－□1.女 □2.男 □3.其他

婚姻狀況－□1.未婚 □2.已婚 □3.離婚 □4.不婚 □5.同志 □6.喪偶 □7.分居

請問您如何得知這本書？
□1.書店 □2.報章雜誌 □3.廣播電視 □4.親友推介 □5.心靈工坊書訊
□6.廣告DM □7.心靈工坊網站 □8.其他網路媒體 □9.其他

您購買本書的方式？
□1.書店 □2.劃撥郵購 □3.團體訂購 □4.網路訂購 □5.其他

您對本書的意見？
封面設計　　　□1.須再改進 □2.尚可 □3.滿意 □4.非常滿意
版面編排　　　□1.須再改進 □2.尚可 □3.滿意 □4.非常滿意
內容　　　　　□1.須再改進 □2.尚可 □3.滿意 □4.非常滿意
文筆／翻譯　　□1.須再改進 □2.尚可 □3.滿意 □4.非常滿意
價格　　　　　□1.須再改進 □2.尚可 □3.滿意 □4.非常滿意

您對我們有何建議？

廣　告　回　信
台北郵局登記證
台北廣字第I I 43號
免　貼　郵　票

心靈工坊
|PsyGarden|

台北市106 信義路四段53巷8號2樓
讀者服務組　收

免　　貼　　郵　　票

（對折線）

加入心靈工坊書香家族會員
共享知識的盛宴，成長的喜悦

請寄回這張回函卡（免貼郵票），
您就成為心靈工坊的書香家族會員，您將可以——

⊙隨時收到新書出版和活動訊息

⊙獲得各項回饋和優惠方案